今日から
モノ知り
シリーズ

トコトンやさしい

トンネルの本

建造物として何千年もの歴史があるトンネルは、世界の国々の発展や文化と密接に関わってきました。トンネルの造り方は場所や規模などによって多様です。また、これからの時代、トンネルの維持管理は重要な社会課題です。そんなトンネルの話題を幅広く紹介します。

土門　剛
三浦基弘

B&Tブックス
日刊工業新聞社

はじめに

トンネルは目立たない存在です。しかし、道路や鉄道、さらには上下水道、電気、通信など、社会基盤で活躍しているとても重要な構造物です。本書を通じてトンネルの様々な話題に触れながら、トンネルに対する理解を深めて頂ければ嬉しく思います。

トンネルは、英語の〝tunnel〟からの外来語です。〝tunnel〟は、もともとフランス語で「樽《たる》」を意味する〝tonne〟に由来します。〝tunnel〟は中世の英語では「樽」の意味で用いられていましたが、やがて樽に形が似ていることから、18世紀に入ってから地中を通る人工・木造の建造物を「トンネル」と呼ぶようになりました。

日本にはトンネルに近いもので「切通し」がありました。これは山や丘などを掘削し、人馬の交通を行えるようにした道です。トンネル掘削技術が発達していなかった明治時代以前には、切り立った地形の難所に道路を切り開く手段として広く用いられてきました。

「堀貫」という語もありますが、本格的にトンネルを漢語にしたのは「隧道」。しかし、隧道は、墓の中の通路という意味もあるため、昭和40年以降は、トンネルの扁額に記入されることは少なくなりました。いつから変わったのか定かでありません。

日本の国土の総面積は約37・8万㎢で、約70％が山岳地帯です。日本は島国であるとともに、山岳で占める山国でもあります。弓なり状の日本列島の海岸沿いは、平地が多く、町は開けてきましたが、山岳地帯の町はなかなか拓けていきませんでした。山岳地帯に道路ができ交通を容易にしたものはトンネルでした。しかし、初めから積極的にトンネルを造ってきたわけではありません。

日本には古くから山岳信仰があり、山に穴を開けてトンネルを造ることをためらってきました。そのためトンネルのかわりに峠が発達したのです。峠という字は漢字ではなく国字で、室町時代にできたのでないかという学者もいますが、いつ頃にできた字なのかは定かではありません。峠は、「山の神が治める神聖な場所」とされ、峠を越える時には、神さまに捧げものをしていました。祠《ほこら》や道祖神を設けている所が多いです。祠は異郷の地から悪いものが入り込まないための結界の役割も果たしていたと考えられます。捧げることを「手向《たむ》ける」と言います。峠の読みは、手向けの転とされています。

山岳信仰でトンネルを掘ることを忌み嫌っていたことが変化したのは、明治に入ってからです。鉄道が敷設されるようになり、トンネルの必要性が生じたからでした。日本最初の鉄道トンネルは兵庫県の石屋川トンネルです。延長61mで１８７１（明治4）年に完成しました。ただし、このトンネルは山を貫いたものではありませんでした。周囲よりも高い場所を流れる「天井川」の下を掘った川底トンネルでした。木製の仮水路を設けて石屋川の水流を脇に導き、土手を取り除いてから川底を掘り下げ、レンガと盛土でトンネルを造りながら、川を復元するという開削工法がとられました。当時の最高の技術と知恵を結集した大変な難工事でした。１８７４（明治7）年に鉄道が開通しました。

橋や建物が99%計算にもとづいて設計されるのに対し、トンネル屋の世界ではひところまで「ＫＫＤ（経験、勘、度胸）」が幅を利かざるを得ませんでした。なぜなら、トンネルを造る第一の材料である地山《じやま》の性質が、鉄や木材とくらべて複雑で、バラツキが大きいからです。地山は均一な土質（性質）ではないのです。トンネルは地中に造られる構造物であり、利用されるのはその空間です。その空間を維持するために、支保構造物（コンクリートなど）を造ります。しかし、この構造物はあくまでも地山を安定させるための補助手段なのです。つまり、トンネル完成後の挙動（トンネルの変形）や安定性は、本質的に地山の特性に支配されるわけです。

本書は、首都大学東京オープンユニバーシティ講座「とんねる学」や東京都立小金井北高校模擬授業「暮らしを支える社会基盤と〝トンネル〟の役割」などでお話しした内容がベースとなっています。さらに、トンネルにまつわる文化や歴史の話題も大幅に加えました。

本書を執筆するにあたり、資料の調査をしていただいた首都大学東京図書館の松下麗さん、東京都東久留米市中央図書館の上田直人さんに感謝いたします。また、筆者二人は東京都立大学（現首都大学東京）の今田徹研究室でトンネル工学を学びました。今田先生の学恩に感謝いたします。最後に日刊工業新聞社の書籍編集部の鈴木徹さんと平川透さんには大変お世話になりました。ここに謝意を表します。

土門　剛、三浦基弘

目次 CONTENTS

第1章 トンネルを知るためのはじめの一歩

1 トンネルとは何かを改めて知ろう「山や地下に造られた空間を指す」……10
2 足下にある身近なトンネル「道路直下から大深度まで」……12
3 トンネルの特徴「暗い、汚い、狭い?」……14
4 トンネルの構成要素と基本構造「目に見えるのはトンネルの表面だけ」……16
5 日本が世界に誇る新幹線のトンネル「新幹線トンネルの特徴」……18
6 より深く…地下鉄のトンネル「地下鉄トンネルの特徴」……20
7 くねくね曲がる? 下水道のトンネル「下水道トンネルの特徴」……22
8 四世代続いて造られたトンネル「宇津ノ谷峠」……24
9 廃止になったトンネルの再利用「トンネルの有効利用」……26

第2章 トンネルの歴史を振り返る

10 いつ頃からトンネルと呼ばれるようになったか「日本初? の〝トンネル〟紹介」……30
11 山岳信仰とトンネル「トンネルは避けられ峠が発達」……32
12 江戸時代にもいたトンネル技術者①「武士と商人それぞれの事業」……34
13 江戸時代にもいたトンネル技術者②「和尚さんの一大事業」……36
14 そもそもトンネルって?①「トンネルの語源」……38
15 そもそもトンネルって?②「トンネルの定義と分類」……40

16 まずは隠れ家としての利用から「トンネルの起源」……42
17 かつてのライフラインだった水路トンネル「箱根用水」……44
18 文明とともに発展したトンネル「古代のトンネルあれこれ」……46
19 現代トンネルの原点ここにあり「近世・近代のトンネルあれこれ」……48
20 難工事を経験したからこそのトンネル技術「高熱との壮絶な闘い」……50
21 日本が世界に誇るビッグプロジェクト「海底下のトンネルや長大なトンネル」……52
22 海外におけるビッグプロジェクト「国をそして海をまたぐ壮大なトンネル」……54

第3章 トンネルはどのように通す？

23 トンネルに必要な力学入門「地盤に掘った孔に発生する力はどうなっている？」……58
24 トンネルの周りの地盤の強さ①「地盤を構成する土の種類と砂の強度」……60
25 トンネルの周りの地盤の強さ②「粘土の強度とグラウンドアーチ」……62
26 鉄筋コンクリートの基礎知識「専門用語の意味から性質を考える」……64
27 トンネルに働く力「土圧と水圧」……66
28 トンネルの形と力学「円形トンネルが丈夫な理由」……68
29 トンネルの形はどうやって決まる？「四角形トンネルの優位性」……70
30 トンネルをどこに通すか「高速道路を例にしたルート選定」……72
31 トンネルを掘る前に調査する「自分の目や足で、そして様々な機器を使って」……74
32 トンネルをうまくつなげる「計画通りに正確な位置のトンネルを掘るには？」……76

33 トンネルの設計と考え方①「シールドトンネルの設計」……78
34 トンネルの設計と考え方②「山岳トンネルの設計」……80
35 トンネルに勾配をつける理由「長さや場所によって形式も様々」……82
36 山岳トンネルの造り方①「山の中をハリネズミが掘り進むように」……84
37 山岳トンネルの造り方②「断面を分けて安定性を保つ」……86
38 都市トンネルの造り方①「茶筒のような機械で掘り進む」……88
39 都市トンネルの造り方②「道路下の浅いところで密かに掘り下げる」……90
40 水底トンネルの造り方「地上で箱を造って海に沈める」……92
41 トンネルを掘る前に地盤を固める「地盤を凍らせることもある」……94
42 トンネルで使われる珍しい機械「機械仕掛けの弁慶」……96
43 掘削中のトンネル周辺の環境「環境保全に配慮した対策」……98

第4章 様々な災害に備えるトンネル

44 トンネルの安全設備「トンネル等級と非常用施設」……102
45 トンネル火災発生、どうやって逃げる？「避難の方式」……104
46 アンダーパス道路の冠水対策「危険箇所を確認しておくことが重要」……106
47 地下鉄における浸水対策「地下に水が流入しないための様々な取り組み」……108
48 トンネルは地震に強いのか？「地下構造物の地震時特性」……110
49 地震に備えるトンネルの工夫「想定外に備える」……112

第5章
トンネルの維持管理の秘訣

50 トンネルと液状化「発生のメカニズム」……114
51 水害を低減するトンネル「神田川・環状七号線地下調節池」……116
52 トンネル内をきれいな空気に①「ジェットファンによる送排気」……118
53 トンネル内の空気をきれいに②「まだまだある換気方法」……120
54 様々なライフラインをトンネルで管理しやすく「共同溝」……122
55 トンネル内の視界も良好に「照明の色々」……124

56 安定性を維持する特殊な構造物「トンネル覆工コンクリートの特殊性」……128
57 トンネルの寿命「トンネルも病気や怪我をする」……130
58 高齢化が進む日本のトンネル「道路トンネルの場合」……132
59 トンネルの病気の原因①「山岳トンネルの病気」……134
60 トンネルの病気の原因②「シールドトンネルの病気」……136
61 トンネルの健康診断「トンネル内の点検と診断方法」……138
62 トンネルを治療する「トンネルの補修や補強工事」……140

第6章 これからのトンネルと社会を考えよう

63 山岳トンネルの新技術「山岳工法の最先端技術」……144

64 都市トンネルの新技術「シールド工法の最先端技術」……146

65 開かずの踏切解消のカギはトンネル？「東京の私鉄に見る地下化」……148

66 これからのトンネルを考えよう「トンネルの利用と維持管理の将来像」……150

【コラム】

●トンネルの入口と出口……28

●スキューバックの役目……56

●モグラのトンネル……100

●フナクイムシとシールド工法……126

●文学とトンネル……142

世界のトンネルベスト10……152

参考文献……153

用語の解説……155

索引……159

第1章

トンネルを知るための はじめの一歩

1 トンネルとは何かを改めて知ろう

山や地下に造られた空間を指す

わたしたちはトンネルと言うと、どうしても鉄道や道路のトンネルを思い浮かべがちです。日本は国土の70%近くを山に覆われた山国ですから、鉄道や道路などの交通を活かすためにどうしてもトンネルが多くなります。

交通の用途以外にも目を向けてみましょう。

わたしたちが飲む水、洗濯や食器を洗った後の水、こうした水の通り道もトンネルを利用することが多いのです。こうした水の通り道となるトンネルを水路トンネルと呼びます。飲むための水は上水道、使った後の水は下水道と言い、それぞれ水道トンネル、下水道トンネルと分けて呼ぶこともあります。この水路トンネル、古くはイラン高原のガナートのように灌漑用トンネルとして利用されていたことはご存じでしょうか？　水路トンネルがトンネルの原点なのです。

他にも、電気や通信、ガスなどわたしたちが生活するのに必要な多くの施設がトンネルを利用しています。どのような深さでどれくらいの大きさでどのように掘るのかについてはあとで詳しく述べますが、いずれにしても想像以上にわたしたちの身のまわりに多くのトンネルが存在します。

トンネルとは簡単に言ってしまうと、山や地下に設けられた入口と出口のある空間のことです。

本書ではこのトンネルについて6章にわたって解説します。第1章はトンネルの特徴や興味深いトンネルを紹介します。第2章はトンネルの歴史を振り返ります。第3章はトンネル工学入門です。なぜトンネルは土の中でも丈夫に保たれるのか、どのように造るのかなどについて力学や技術的な観点から解説します。第4章は様々な災害から守るためのトンネルの工夫を、第5章はトンネルの点検や補強・補修の維持管理方法を紹介します。第6章では今後の技術革新を期待しながら、少子高齢化の時代にどうやってトンネルを長く使い続けるかを考えるエッセンスを紹介します。

要点BOX

- ●日本は山国ゆえにトンネルが多い
- ●トンネルの起源は水路トンネル
- ●本書の構成

工事中のいろいろなトンネル

下水道トンネル（シールド工法）の内部。大断面かつ急曲線部。

道路トンネル（山岳工法）の内部。あばら骨のような鋼製支保工やロックボルトの頭部が見える。

積み重ねられたセグメント（コンクリート製）。シールドトンネルで用いられる。

2 足下にある身近なトンネル

道路直下から大深度まで

玄関を出てすぐ前の道路。この下には何があるでしょうか。道路の下約3mまでに私たちの生活を支えるライフラインのほぼ全てが埋まっています。例えば、水道、下水、電気、ガスなどです。これらは比較的地表近くにあるので地表から下に掘って施設を埋設します。

もっと地下深くを見てみましょう。地下10mくらいまではもう少し断面の大きい管があります。わたしたちが利用した水（下水）は、台所、トイレ、風呂場から排水管を通ってまずは下水管の枝管を通ります。この枝管は直径数10cm程度です。下水は地下浅いところから、地下5～10m程度にある本管に向かって流下します。本管は太いもので5mほどにもなりますが、都市部や地盤の軟らかいところでは、シールド工法でトンネルを掘削して下水管を造ることもあります。

もっと深く…地下40mくらいにもなると、道路や鉄道などのもっと大規模な施設のためのトンネルがあります。これらの施設は基本的には公道などの公共物の下に造ることが原則です。私有地の下に造る場合は土地の所有権者に金銭などの保障をしなければなりません。

そこで、「大深度地下の公共的使用に関する特別措置法」（大深度法）が制定されました。大深度法では、首都圏、近畿圏、中部圏において、所有権を主張できるのが、実際に利用価値があるところまでとなりました。この法律により、今後、公共施設の大深度化が進むものと思われます。中央新幹線（リニア新幹線）もこの制度を適用します。

すでにこの法律を利用してできたプロジェクトがあります。神戸市の「大容量送水管整備事業」です。水道管を公道の下に敷設すると大きく曲がってしまうことも多く、水を効率的に送れません。しかしここでは大深度法を適用することで私有地の下でも水道管を直線的に敷設することができたので、より効率的に水を送れるようになりました。

要点BOX

- 地下3mまでにほとんどのライフライン
- 地下10mくらいになるとトンネルを掘ることも
- 大深度地下法適用で公共施設をより効率的に

浅い地下に埋めれられている日常生活に絡んだ施設の一例

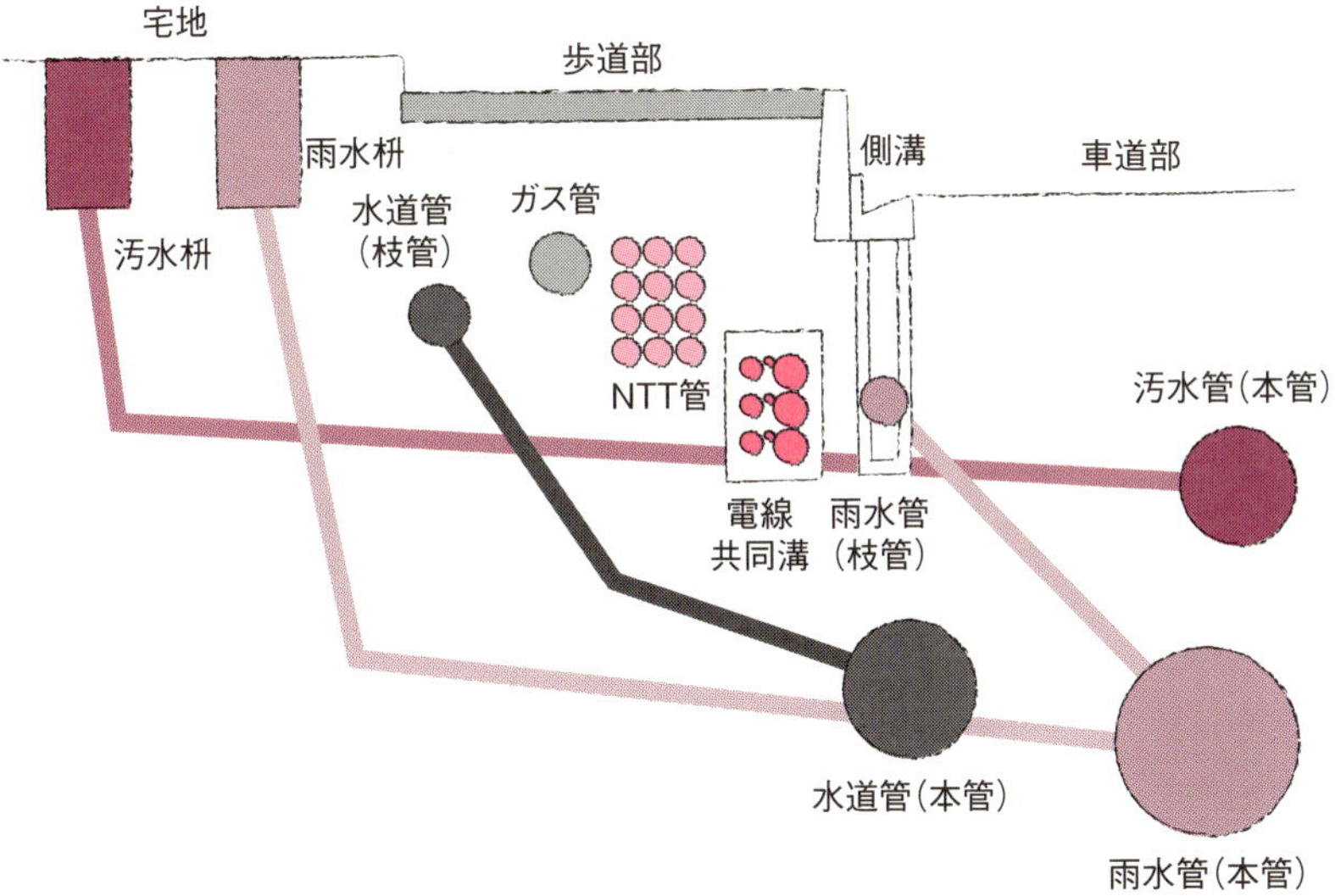

大深度地下利用のイメージ

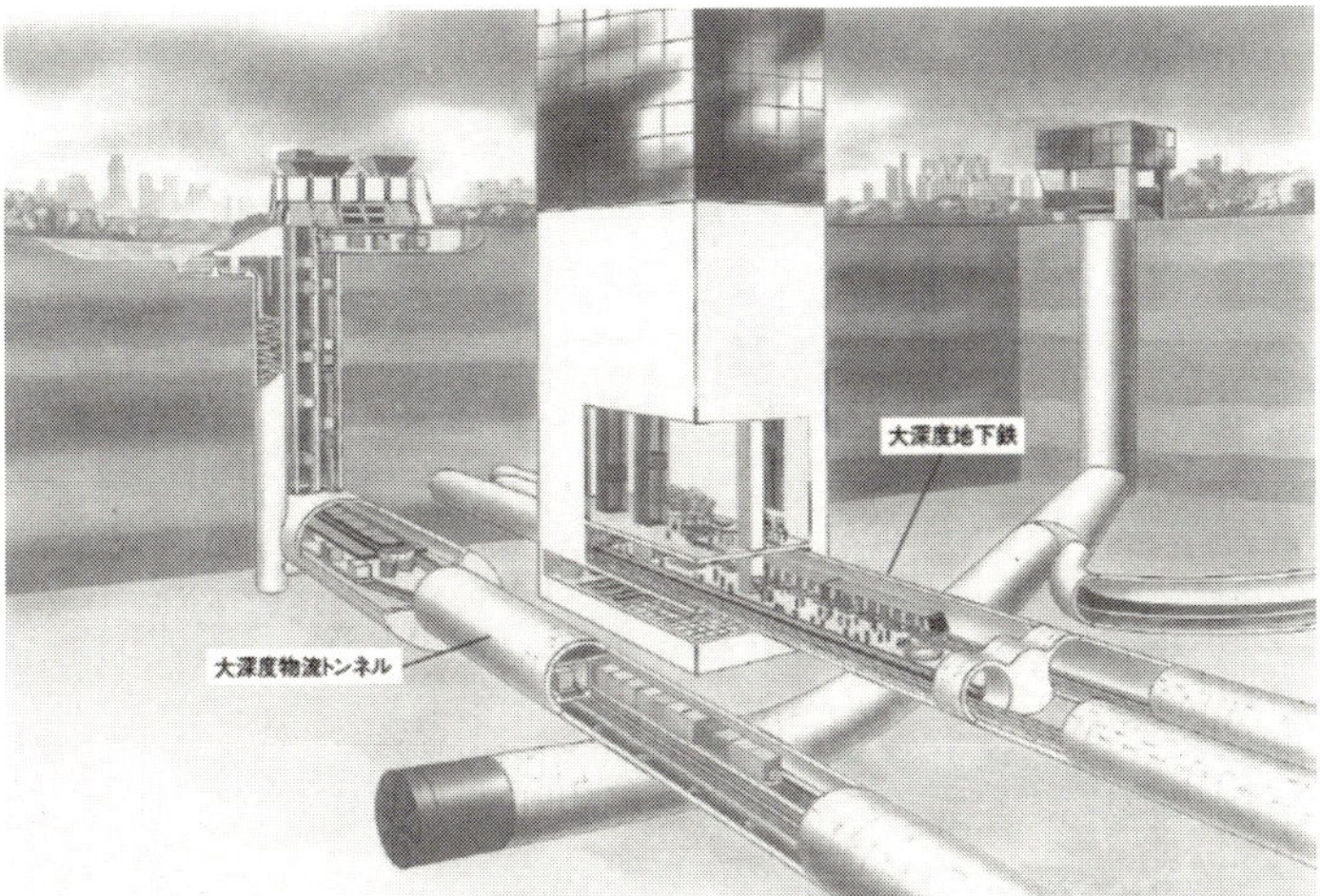

黒川洸東工大名誉教授を委員長とする「大深度地下利用に関する技術開発ビジョン検討委員会」で検討された大深度地下利用のイメージ。大深度地下をより便利に、より安全に、より環境に配慮して利用する案が検討された。

出典：「大深度地下利用に関する技術開発ビジョンの概要」（国土交通省、一部改変）

3 トンネルの特徴

暗い、汚い、狭い？

そもそもトンネルに限らず地下の特徴とは何でしょうか？もちろん、山や地盤に囲まれているので地上の気候変動や自然現象の影響を受けにくいことが一番の特徴です。また、地震のゆれに対して地下構造物のほうが地上のそれよりも一般的に強いです。それ以外の地下の特徴として、高い断熱性、恒温性（温度が一定の性質）、恒湿性（湿度が一定の性質）が挙げられます。これは山や地盤が大きな熱容量を有しているためです。したがって、地表の温度や湿度の変化にあまり左右されることなく比較的一定に保たれます。

トンネルの特徴に話を絞ってみましょう。形状としての特徴は、細く（断面が比較的小さく）、長いことです。また、インフラとしての特徴は、急峻な地形の影響を受けず、交通の高速走行や大量輸送を容易にしていることです。トンネルがなければ急峻な地形を通る際にはくねくねとした道や急勾配の道を通らなければなりません。そのほか、トンネルの出入り口（坑口）付近を除き、強風や積雪の影響をあまり受けませんし、森林などにも影響を与えないので、生態系保持にもメリットがあります。都市部でのトンネルを利用した地下でも、錯綜した地表を冒すことなく都市空間の有効利用ができます。

その反面、短所も多くあります。大きく分けてコストと防災に関するものです。トンネルは山や地盤内に設けられるので作用する土水圧の影響が大きくなります。そのため、形状や断面の大きさなどの自由度が少ない、地質の影響が大きい、崩落への対処や地下水位の影響を考慮しなければなりません。そのため、とくに施工にかかるコストが他の構造物と比べると高くなります。また、防災に関しては、換気が困難（とくに長大トンネル）なため有毒ガスが滞留しやすいこと、火災や浸水などの災害発生時の避難や救出活動が困難であることが挙げられます。これらの対策については第4章以降で解説します。

要点BOX

- 地下は温度・湿度が保たれる
- トンネルは何といっても急峻な地形に有利
- コストや防災時の弱点

トンネルや地下の長所と短所

細く、長い、地下にある構造物

【長所】

◎急峻な地形での優位性

- 曲線・つづら折り・勾配を減少
  →交通の高速走行、大量輸送が容易に
- 強風・積雪の影響を減少
  →自然環境に作用されにくい
- 坑口付近を除き景観を損ねない
- 森林破壊につながりにくい(生態系保持)

◎ 地上空間が錯綜した都市での有効利用

【短所】

◎コスト、防災のデメリット

- トンネルに作用する土水圧の影響が大
  →形状、断面の大きさなど：自由度少ない
- 地質の影響が大
  →崩落への対処,地下水位の影響も大
- 換気が困難(とくに長大トンネル)
  →有毒ガス滞留、危険物積載車制限
- 災害発生時の避難・救出活動が困難

地下の特徴は「ぬれない」「温度一定」

●気候変動、自然現象の影響を受けにくい

- 地表で発生する自然現象の影響を受けにくい
- 地震のゆれに対して地下は強い
- 日本は地下街のネットワークが発達

●高い断熱性、恒温性、恒湿性

- 地盤がもつ大きな熱容量
- 地表～5m：地表温度の影響少
- 熱帯地方、厳冬地方で地下が発達

地下の
特徴を活かして
住居にも利用
されている!

4 トンネルの構成要素と基本構造

目に見えるのはトンネルの表面だけ

　道路や鉄道のトンネルに入ると、目に見えるのはトンネルの表面つまりコンクリートの表面だけです。しかし、トンネルは山や地盤で周囲を囲まれていますし、施工時にトンネルが崩壊しないように支えるための色々な部材が設置されそのまま残置されています。つまり、トンネルの構成要素は、コンクリートで囲まれたトンネルだけでなく、周りの山や地盤、そして施工中に支えていた部材があります。専門的にはそれぞれ、覆工、地山、支保工と呼んでいます（**図1**）。

　トンネルの構成要素は言わばトンネルの外部の様子を表します。ではトンネルの内部の様子つまりトンネルの構造はどのようになっているでしょうか。トンネルの構造は用途によってまったく異なります。トンネルの用途は、道路、鉄道、水路、電力、通信、ガスなど様々です（**図2**）。類似の用途である道路と鉄道を比較しても両者は大きく異なります。

　道路トンネルは、自動車の排気ガスの処理、様々な利用者（運転手）の視認確保、発災時の避難確保のために鉄道トンネルに比べて大がかりな設備が必要となります。まず、排気ガスの処理のための換気設備です。換気設備は排ガス対策だけでなく火災時の排煙対策も兼ねています。また空気の汚れ具合を計測する透過率計や一酸化炭素濃度測定器なども設置されています。視認確保には照明設備です。避難確保には、通報設備、警報装置、避難誘導設備、消火設備などがあります。その他にも**図3**のような色々な機器が道路トンネルには設置されています。

　鉄道トンネルは道路トンネルのように排気ガスを考える必要はありません。列車火災が発生した場合にはできるだけ走行して乗客を安全な場所まで誘導します。しかし、青函トンネルのように海底下の長大な場合には、列車を停止させて乗客を避難させ消火活動できる場所を設けています。

要点BOX

- **構成要素は覆工、地山、支保工**
- **用途によって構造は様々**
- **道路トンネルの構造は複雑**

図1　トンネルを構成する三大要素

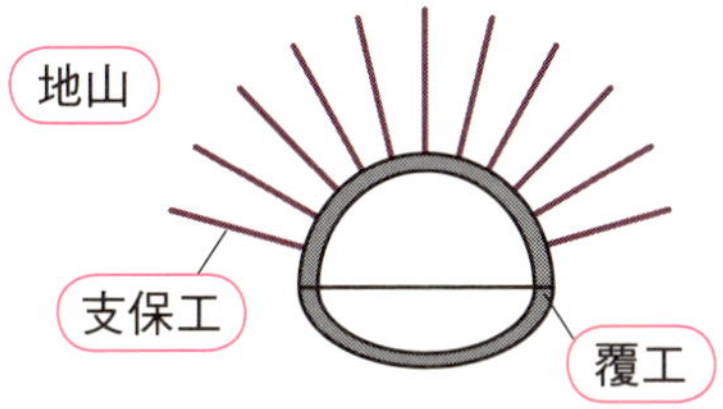

図2　様々な用途のトンネル（いずれもシールドトンネル）

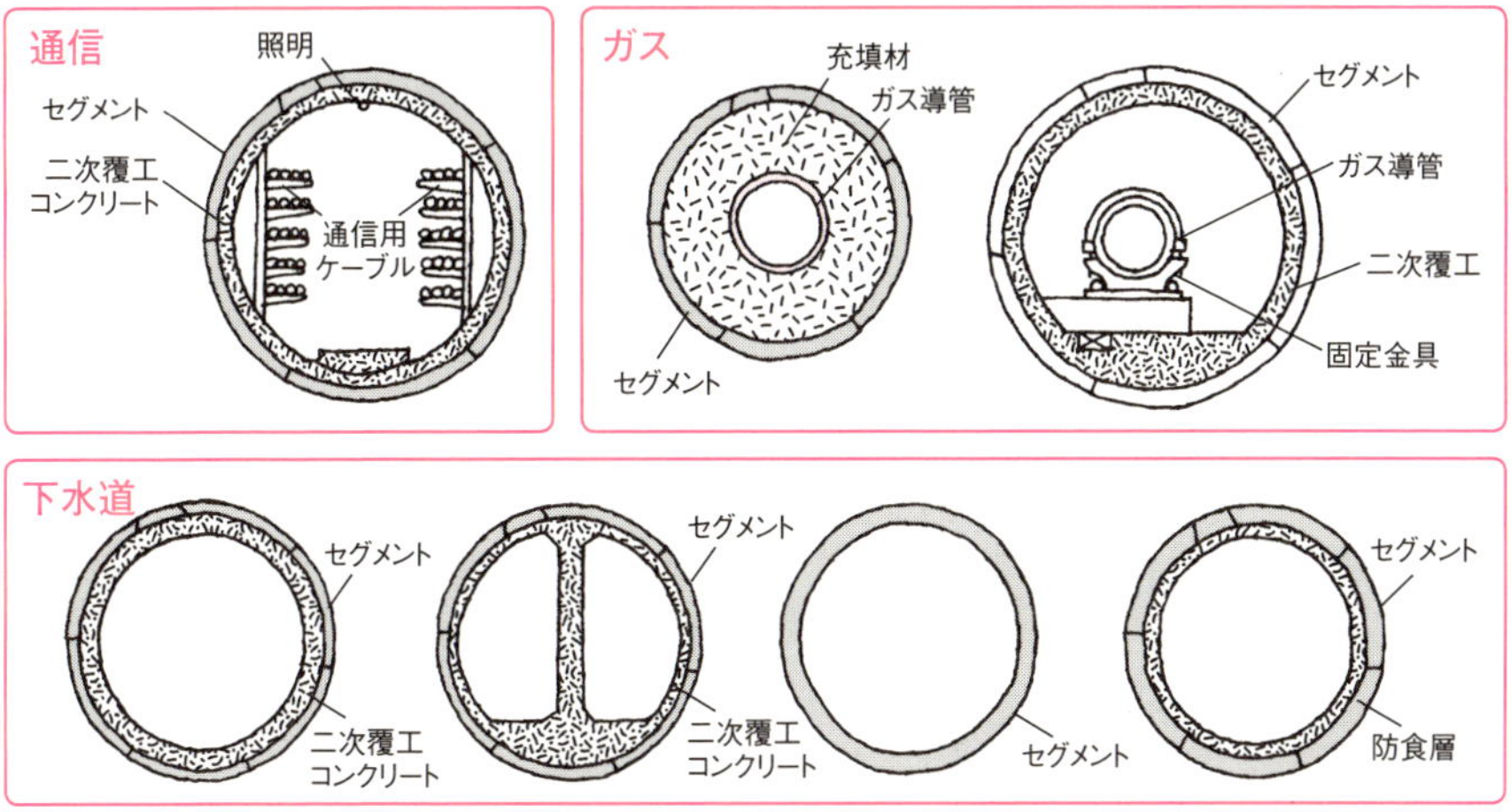

出典：「トンネル標準示方書」土木学会、2016をもとに作成

図3　道路トンネル内の設備　例：飛騨トンネル

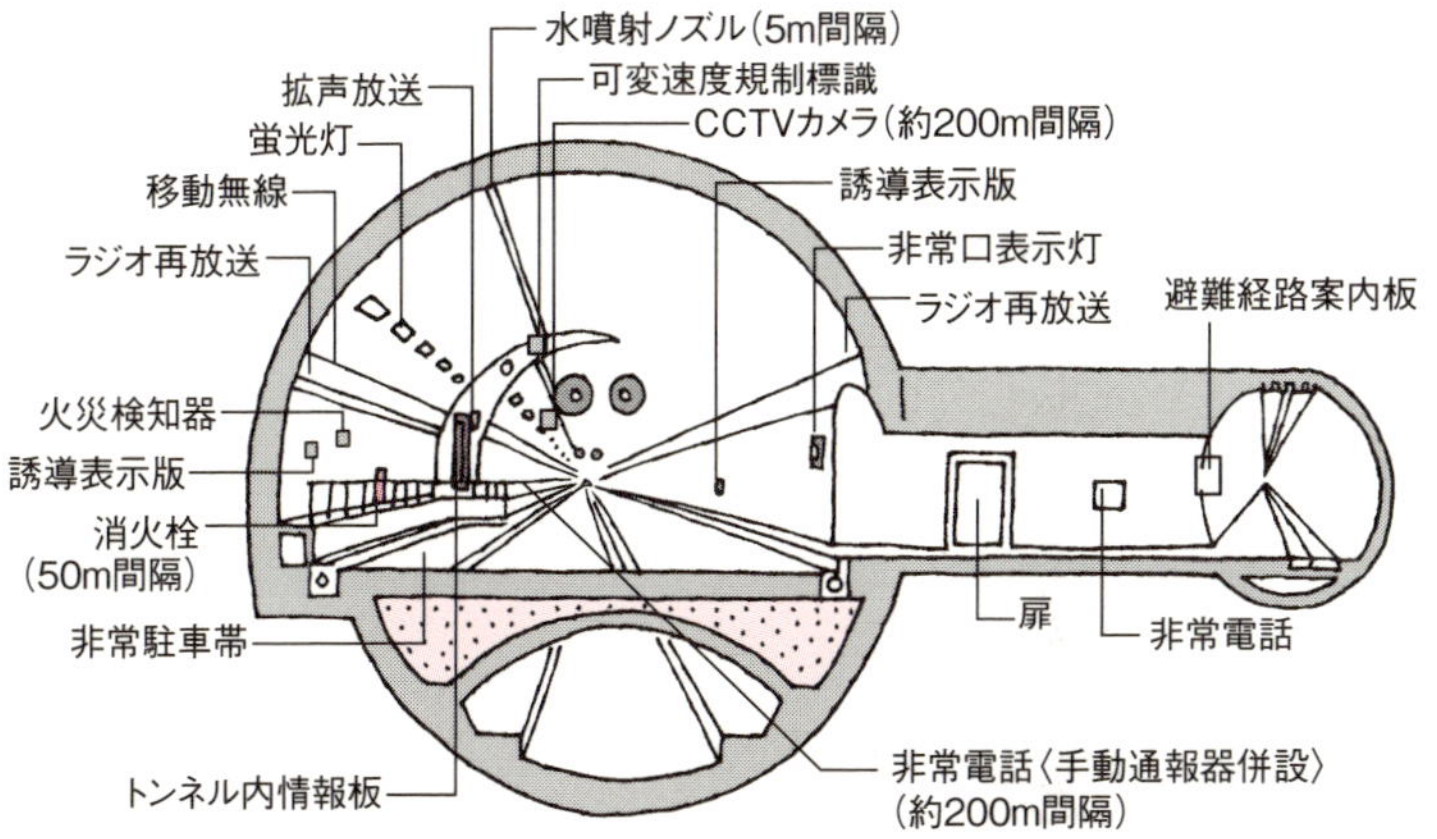

5 日本が世界に誇る新幹線のトンネル

新幹線トンネルの特徴

新幹線が通るトンネルには、道路トンネルや他の鉄道トンネルとは違った工夫がなされています。

まず、新幹線の線形上の制約を説明します。線形とは、道路や鉄道などの路線の形状のことです。平面的な路線の形状がどのような直線と曲線の組み合わせであるか（平面線形）、上り坂や下り坂などの勾配がどのように構成されているか（縦断線形）を示すものです。新幹線の平面線形は原則最小曲線半径が４０００m以上です。ただし、地形などのやむを得ない場合には４００mまで低減可能です。曲線区間では、車のようにハンドルを切って曲がるわけにはいきませんので、カントとよばれる傾きを与えます（**図1**）。カントは半径と列車速度で決めます。ちなみに縦断線形は最急勾配で1.5％（地形などのやむを得ない場合は3.5％以下）です。

新幹線の複線トンネルでは、**図2**の例のようにトンネル内にあまり空間的余裕がありません。したがって、トンネルが曲線の場合にはカントを設けるとトンネル覆工が建築限界を超えてしまいます。建築限界とは、交通の安全を確保するための何も設置できない空間範囲です。したがって曲線区間のトンネルでは、曲線外側にトンネル中心線を移動（シフト）させ、さらにはカントによる高さを考慮してトンネル断面の高さを高くしています。

もう一つの工夫に、緩衝工による微気圧波対策です。新幹線のような高速鉄道では、トンネルに突入したときに発生した圧縮波が音速で前方に伝わる際にトンネル内の拡散できない空気の抵抗によって圧縮されて衝撃波のようになり、それがトンネル出口で解放され、出口周辺に大きな発破音や振動を発生させます。「ドーン」という大きな音が出ることから「トンネルドン」とも呼ばれています（**図3**）。この対策に、トンネルの出入り口にトンネル断面より大きな構造物が設けられています。

要点BOX
- ●高速かつ長い乗り物ゆえの工夫
- ●線形を考慮した内空断面
- ●トンネルドンを回避する緩衝工

図1　カントのイメージ

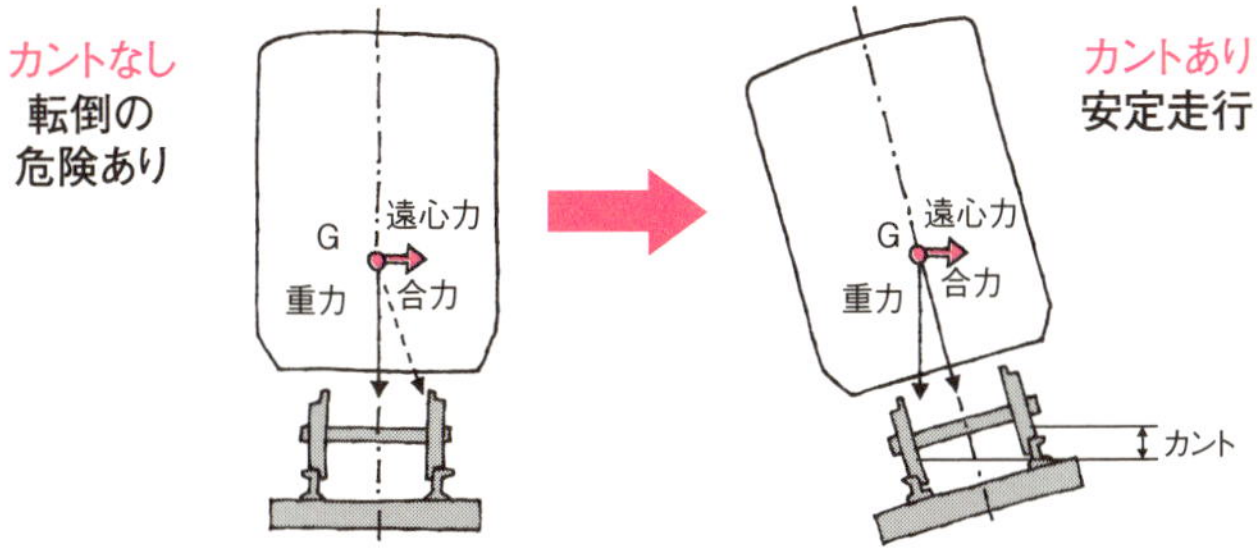

図2　トンネルの建築限界

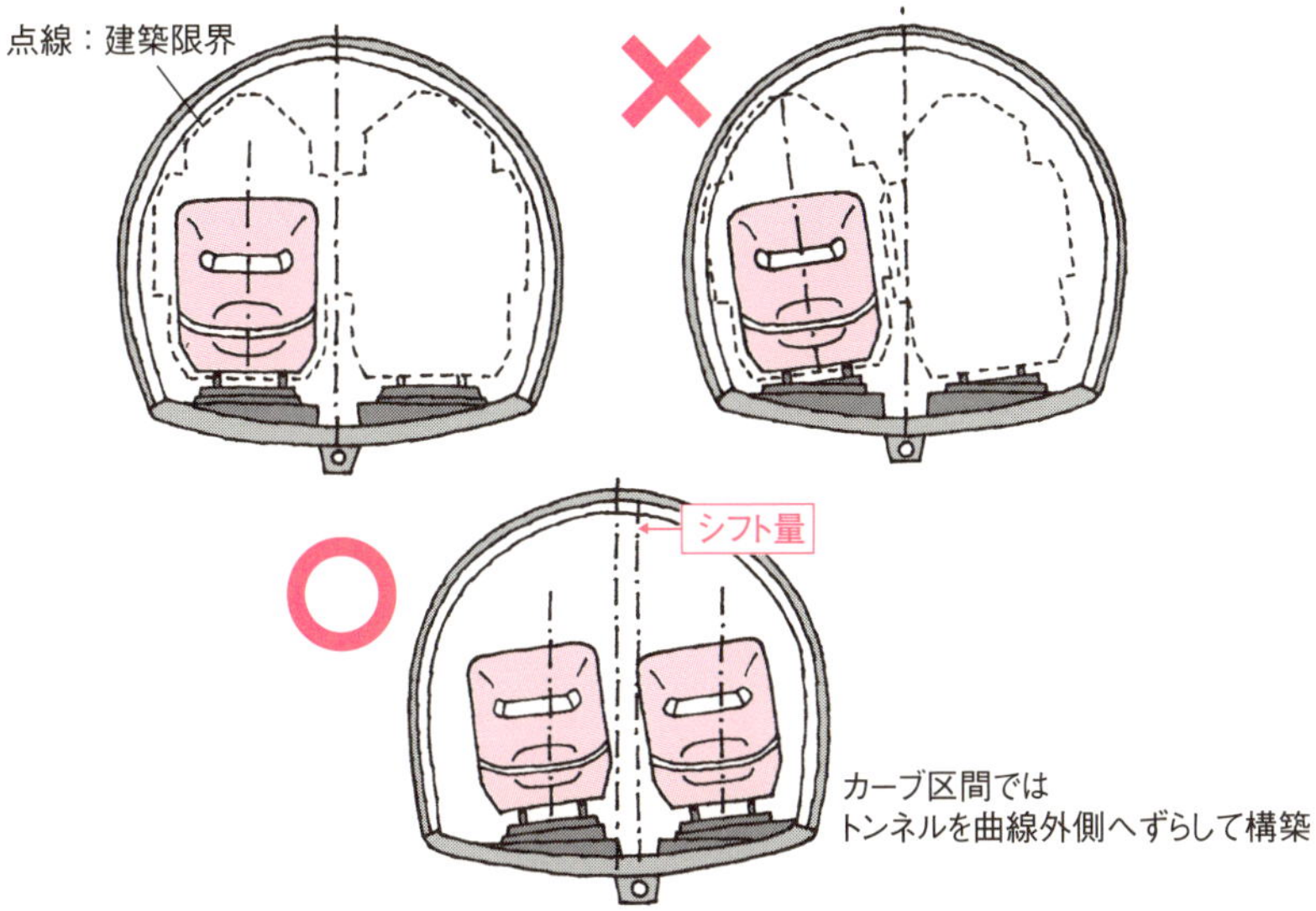

図3　トンネルドンの原理

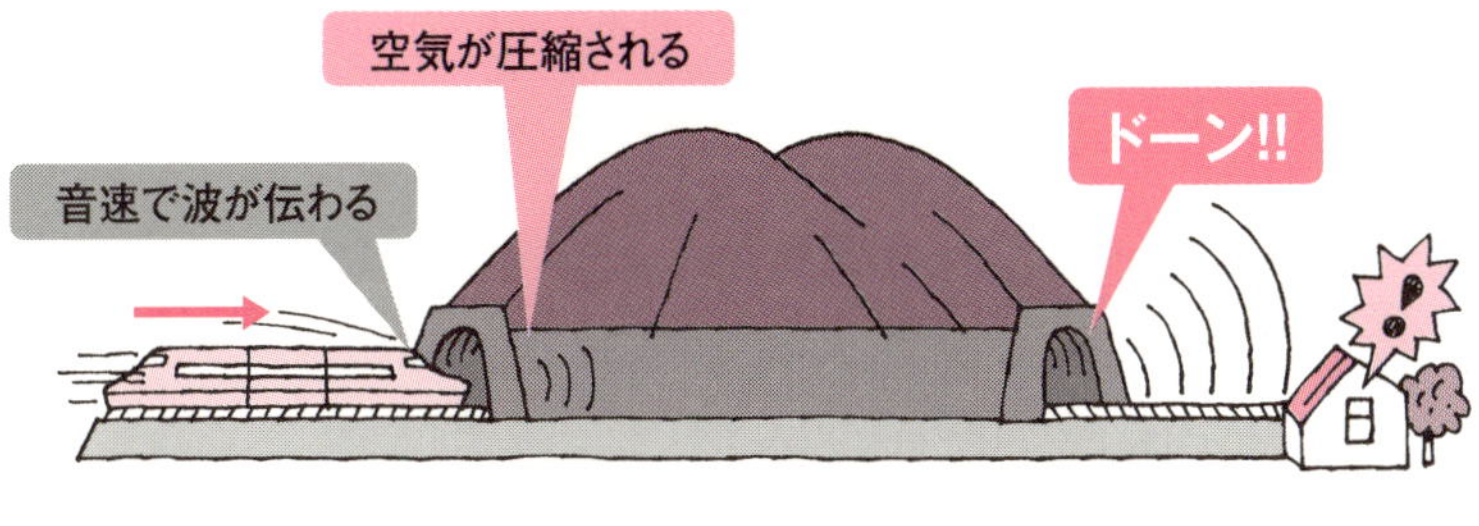

6 より深く…地下鉄のトンネル

昭和2年に日本で初めて造られた地下鉄は、開削工法（39参照）でトンネルが造られました。それ以降の地下鉄はそれほど地下深くに造る必要はありませんでしたが、地下鉄が増えてトンネルを造る場所が少なくなってくると、昭和30年頃からシールド工法によって地下深く掘れるようになりました。

そもそもシールド工法を発明したのは、イギリスのM・I・ブルネルという技師です。彼は、船の木材を食べながら後ろを殻で固めていくフナクイムシをヒントにして、シールド工法を発明しました。このアイデアは、ロンドンのテームズ川の下をくぐる水底トンネルで初めて使われました。約百数十年前に完成しました。このブルネルが造った世界最初のシールドトンネルは、今もロンドンの地下鉄として使われています。

日本で地上から最も深いところにある地下鉄駅は都営地下鉄大江戸線六本木駅です（図1）。片方のホームの深さは地下42・3mにも及びます。大江戸線は、練馬～新宿間が平成9年、新宿～国立競技場間が平成12年の開通です。その頃の都心には、すでに他の地下鉄が通っていたり建物の埋設物があったりして、より深い場所に造らざるを得ませんでした。ここ最近造られた他の地下鉄でも、東京に限らず地上から地下深くに建設されるケースが多くなっています。

ちなみに、ウクライナにあるキエフ地下鉄スヴャトーシノ・ブロヴァールスィカ線のアルセナーリナ駅は世界で一番深い地下鉄です。駅ホームの深さは地上からなんど105・5m。30階建ての高層マンションに相当します。

また、例えば東京メトロ半蔵門線のように、大都市特有の用地不足などの理由から地下鉄上下線を近接させたり、複線トンネルにしてまとめたり、上下にトンネルを設けたり、時には島式ホーム部を円形にして三つの円の断面にすることもあります（図2）。

要点BOX

- 地下鉄はより地下深くに
- 深いトンネルはシールド工法で
- 円形断面を組み合わせて地下鉄を建設

図1　都営地下鉄大江戸線六本木周辺の断面図

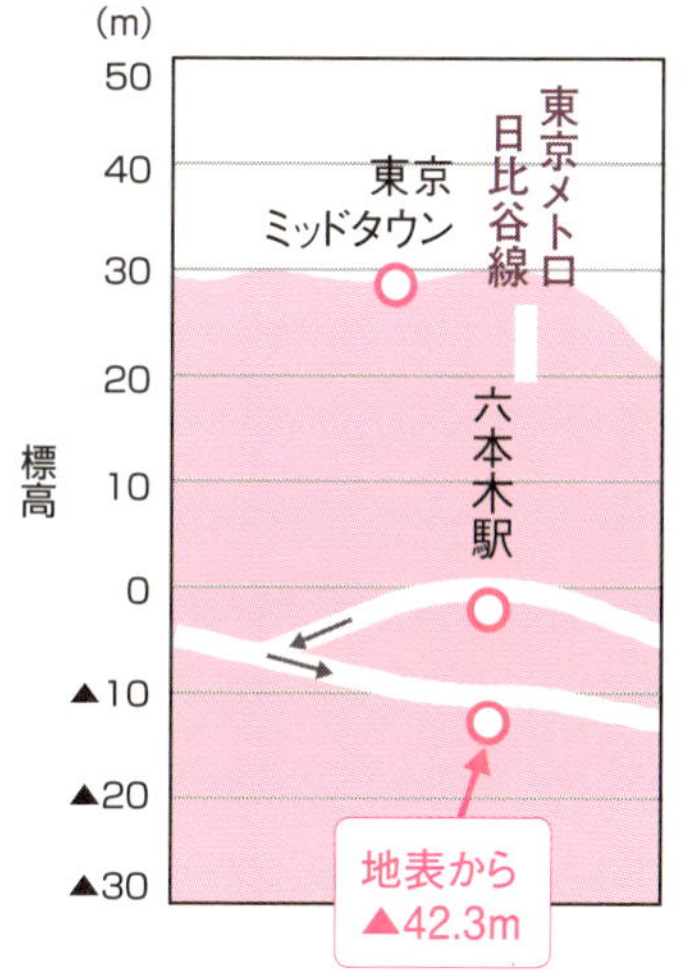

図2　半蔵門線のトンネル断面

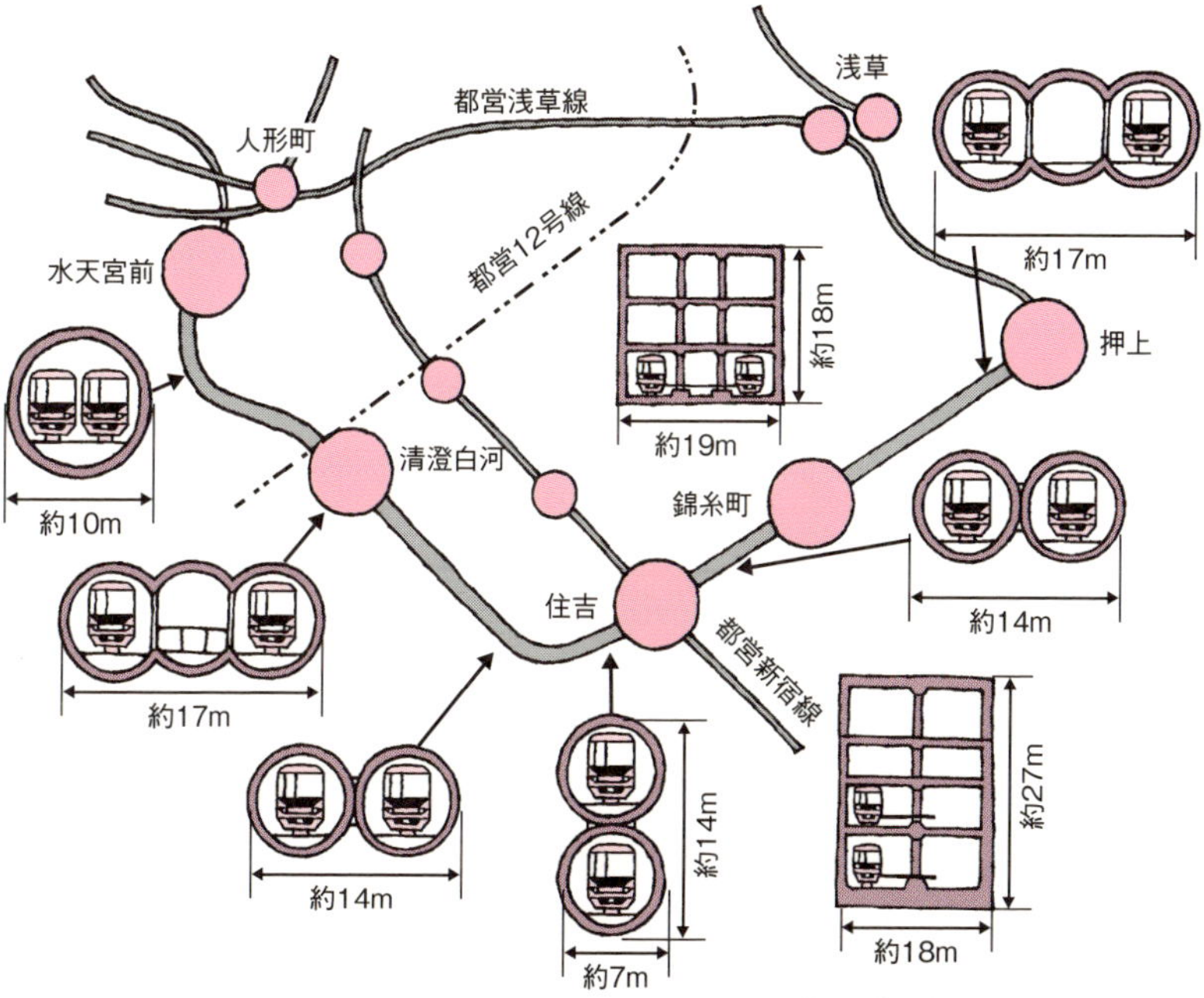

出典：土木学会Webサイトの資料をもとに作成

7

くねくね曲がる？下水道のトンネル

下水道トンネルの特徴

下水とは汚水や雨水の総称です。下水道管を通って下水処理施設まで導かれます。東京都23区における下水道管の長さは約16000㎞にもなります。材質には様々なものがあり、太さは内径25㎝から8.5ｍに及ぶものまであります。太さが数ｍに達する下水道管はシールド工法で造られることも多くなります。

下水道管は基本的に道路下に敷設されます（図1）。また、下水管は住宅などから排出される時には枝管と呼ばれる直径30～40㎝程度の下水管を通りますが、下水処理施設に至るまでに処理する下水管の太さも太くなっていきます。太い管は本管と呼ばれ、直径が2ｍ～8.5ｍにまでなります。

下水管のトンネルは三つの特徴があります。一つは枝管から本管へと管路の太さが変わること、二つ目は道路下に敷設するため、時には直角に曲がらなければならないこと（急曲線）、三つ目は下水によってトンネル表面が腐食しやすいことです。

はじめの二つを克服する技術は、すでにシールド工法で実績を上げています。例えば、図2のように径の異なるトンネルを本線から分岐させるシールド技術です。この技術は、水平方向に分岐することから横分岐シールド工法と呼ばれることもあります。また、トンネル内から地上へ上向きにシールド掘進して立坑を構築する上向きシールド工法もあります。両工法とも地上での工事をともなわないなどのメリットがあります。

下水には処理の必要な物質が流入しているため、下水管に特別な処理を施さなくてはなりません。とくにコンクリート製の下水管では、管内で発生した硫化水素ガスによって硫酸を生成し、それがトンネルを腐食・劣化させることがあります。これを防ぐため、トンネルの表面あるいはトンネルそのものを腐食抑制できる材料を用います。

要点BOX

- ●枝管から本管へと太くなっていく
- ●道路直下をくねくねと
- ●硫化水素による腐食しやすい環境

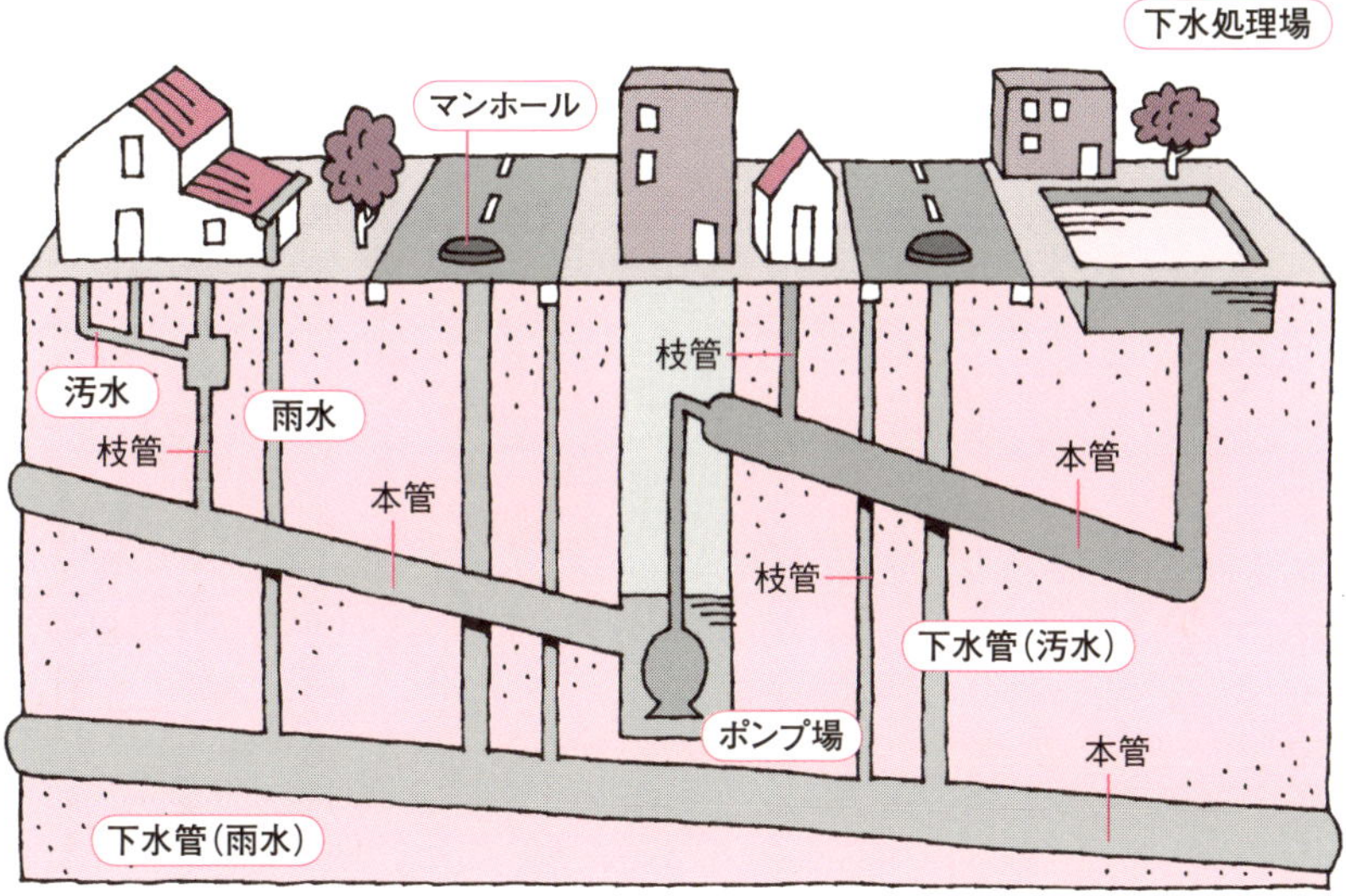

図1　道路下の下水道管

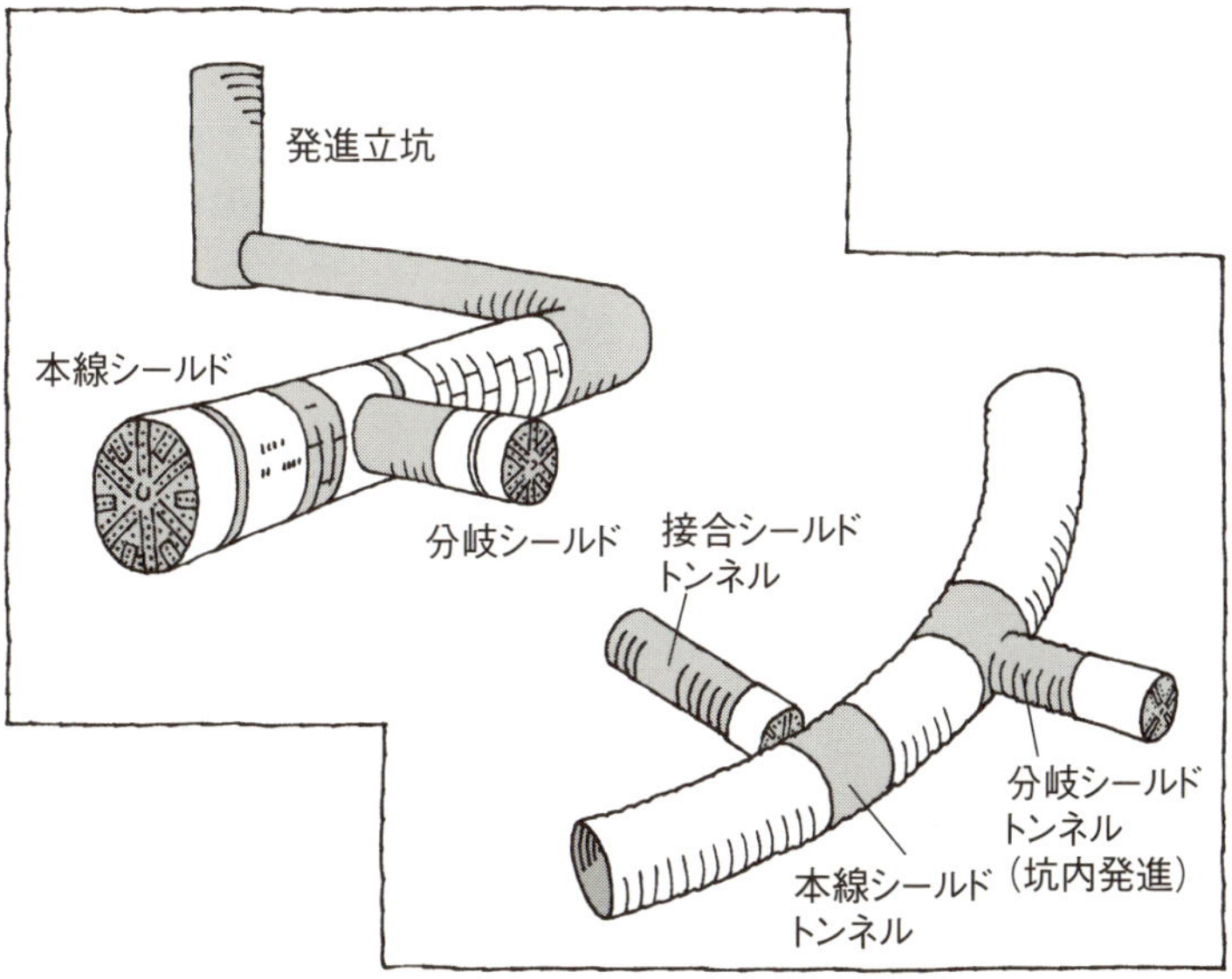

図2　径の異なるトンネルを本線から分岐させるシールド技術

8 四世代続いて造られたトンネル

宇津ノ谷峠

静岡県丸子から志太郡岡部町に通じる宇津ノ谷峠は古くから東西交通の要衝でした。明治になって初めてトンネルが造られると、大正、昭和、平成と、時代とともに4本のトンネルが造られています。今でも国道1号線の主要トンネルの一つです。

自動車社会の到来や交通量の増大に伴い、造られるトンネルは大きくなっていきました。

宇津ノ谷峠に初めて掘られた明治時代のトンネルは、長さ２０３ｍ、高さ3.9ｍ、幅4.0ｍで明治7年に着工し、明治9年に開通しました。しかし、その後、火災事故で崩落しました。現存するトンネルは明治37年に改修されたもので、内壁の赤レンガと坑道内のランプが文明開化の面影を残しています。このトンネルは日本で初めての有料トンネルでもあります。現在は歩いて通ることができます。

静岡県下では明治末から大正初めにかけて自動車が現れ、その後急激に増加していきます。こうした背景から、長さ２３０ｍ、高さ４・８７ｍ、幅7.0ｍで大正15年にトンネルが着工しました（昭和5年開通）。このトンネルは、昭和中期のトンネルができるまで戦前戦後を通じ、当時の東西を結ぶ自動車交通の増大を支えてきました。昭和29年にガソリン税を財源とする「第一次道路整備五ヶ年計画」が発足したのを機会に、宇津ノ谷国道改良計画が検討されました。今後のことを考えると、自動車の増大、高速化にも対応する必要があることから新しいトンネルが掘られました。トンネルは、長さ８４４ｍ、高さ6.6ｍ、幅9.0ｍで、昭和31年に着工され、昭和34年に開通しました。トンネルの長さと幅は、当時としては我が国最大のものです。

平成に入ってトンネル付近では一日約４００００台の自動車が通るようになりました。このため、慢性的な交通渋滞を緩和するために、昭和中期のトンネルに平行して、平成7年に長さ８７６ｍ、高さ６・５８ｍ、幅１１・２５ｍのトンネルが新たに造られました。

要点BOX

- 日本初の有料トンネル
- 自動車の増加とともに断面が大きくなる
- 今でも利用されている

時代に合わせて大きくなる宇津ノ谷峠のトンネル

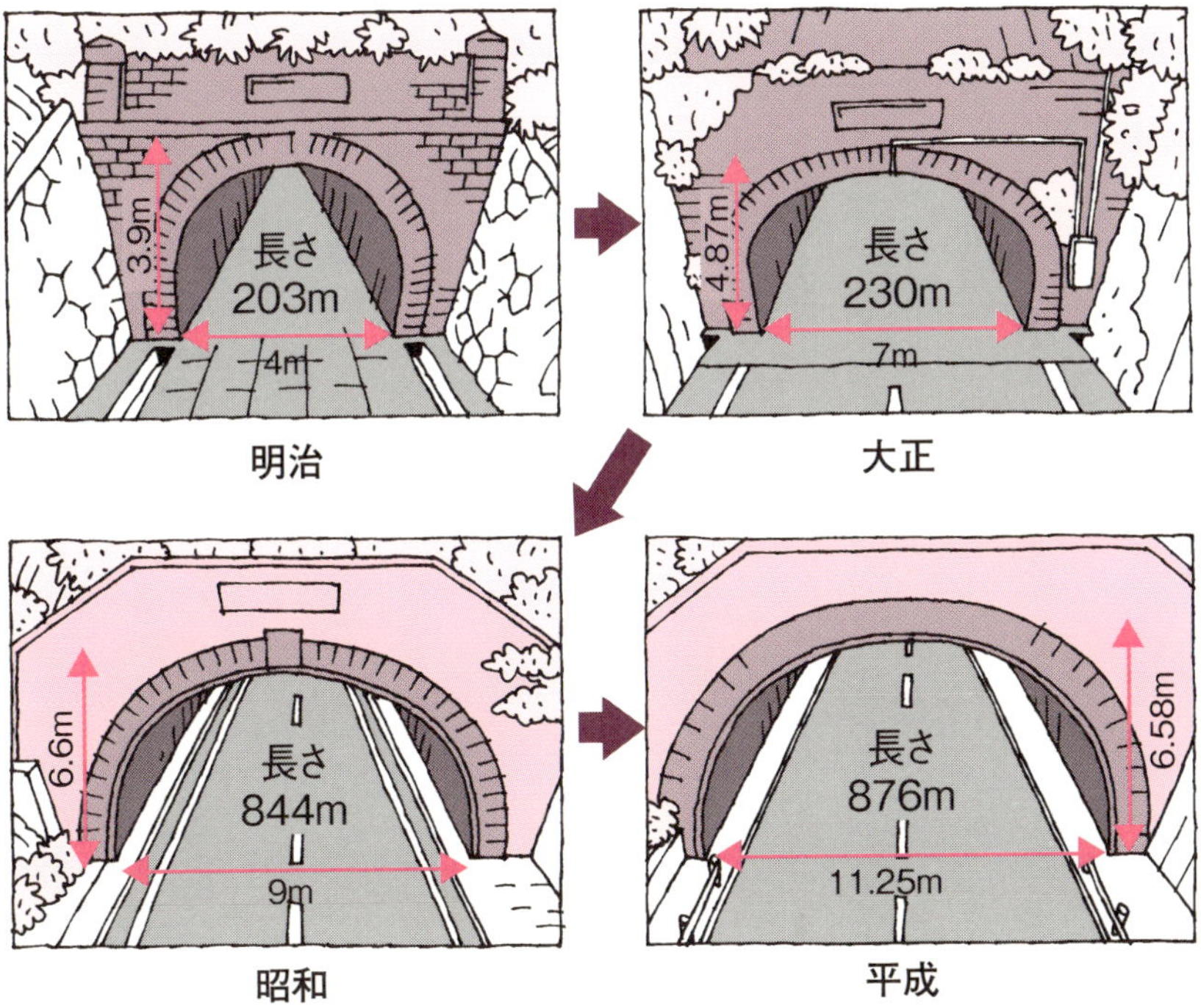

清水峠のトンネル

群馬県と新潟県の間にある清水峠。ここには、上越線の清水トンネルと新清水トンネルの2本と上越新幹線用の大清水トンネル1本の合わせて3本が並行している。新清水トンネル内にある土合駅は「日本一のモグラ駅」として親しまれている。

出典：https://ja.wikipedia.org/wiki/清水トンネル

9 廃止になったトンネルの再利用

廃止になったトンネルの多くは、トンネル入り口にコンクリートや土を盛って封鎖されてしまいます。しかし、中には再利用されるトンネルもあります。

・地下壕

八王子市の三和団地から高乗寺にかけての地下一帯に浅川地下壕があります。これは、第二次世界大戦末期、陸軍の計画によって掘られた全長約10㎞にもおよぶ地下坑道です。地下倉庫や軍用飛行機のエンジンを作る工場を建設する目的で工事が進められました。トンネル工事の習練場としても使われたといいます。今でもほぼ当時のまま残っています。

・ワイン貯蔵庫

甲州市勝沼町に鉄道廃線トンネルを利用したワイン貯蔵庫があります。このトンネルは明治36年に建造されたJR旧深沢トンネルです。レンガ積みトンネルとして保存され、ワインの長期熟成と付加価値を高める施設として整備されています。温度は年間を通じて6～14℃、湿度は45～65％とワインの熟成には最適な条件がそろっており、約100万本のワインを貯蔵できるそうです。

・生ハム熟成工場

栃木県宇都宮市の大谷石採掘跡の空洞では、生ハム熟成工場やワイン貯蔵所などとして再利用されています。地下の温度、湿度条件が生ハム熟成に適しています。

・観光鉱山

鉱山の坑道も広い意味ではトンネルと言えるでしょう。観光鉱山では、往時の採掘状況を坑道内に再現して、観光客に疑似体験させる工夫がなされています。坑道の壁面の岩盤は露出していて、側には坑夫の採掘姿をしたロウ人形がいます。採掘している時の音も流れています。まるで江戸・明治時代にいるような雰囲気です。「佐渡金山」（新潟県相川町）、「土肥金山」（静岡県伊豆市）など多数あります。

要点BOX

●ワイン貯蔵庫や生ハム熟成工場に再生
●戦時中にトンネル掘削技術習練
●観光資源にもなる

様々なトンネルの再利用

Column

トンネルの入口と出口

土木の構造物には、明確な約束ごととして決めていることと、そうでないことがあります。

例えば、河川の堤防で右岸と左岸があります。上流から下流に向かって、右側が右岸、左側が左岸と決めています。

トンネルの起点・終点の決め方は建設の経緯などにより変わりますが、とくに事情がない限り以下の原則で設定されます。

トンネルの入口と出口は路線の起点方向側が入口、終点方向側が出口としています。鉄道や道路のトンネルは、起点側が入口、終点側が出口とされています、したがって東京側が入口となることが多いですが必ずしもそうはなりません。

例えば北陸自動車道は、起点が新潟市で終点は米原市ですので新潟側が入口になります。

国道121号線は、起点が山形県米沢市で終点は栃木県益子町ですので東京から遠い米沢側が入口になります。日本の道路の起点は東京都中央区の日本橋になっていますので、大多数の例では「東京に近い方が入口」になっていると思われがちですが、必ずしもそうではないことが分かります。

トンネルの入口と出口にトンネルの名がありますが、これを扁額《へんがく》と言います。橋には「橋名板」といって「○○○橋」と名前が付いています。橋名板の取付位置は、道路の起点左側に漢字、終点右側にひらがなを記載するのが慣例になっています。

第2章

トンネルの歴史を振り返る

10 いつ頃からトンネルと呼ばれるようになったか

日本初？の〝トンネル〟紹介

日本で「トンネル」という言葉を明治初期に紹介した人物の一人は、福沢諭吉です。彼は１８６０年に渡米、さらに翌年には遣欧使節に加わって渡欧するなど、当時ではもっとも欧米の社会事情に通じた人物でした。１８６７年には『条約十一國記』を執筆しています。このイギリス（英吉利）の項に「トンネル」のことが紹介されています。

当時、イギリスのテームズ川底に、最初のシールドトンネルが完成していたのですが、福沢は次のように記しています。「…英吉利の都をロンドンといふ。市中の巾二里、長さ三里半、住人の数三百万人に近し。都の中程にテイムスといふ大河あり。…木の橋はなし。又、其河下に至りテイムストンネルといふ珍しき仕掛あり。これは、河の両岸より地の底を掘て通抜の洞穴を造り、石垣にて其内を畳詰め、往来の道となし、水底の又其底を徒歩《かち》にて行くよふにしたるものなり。故に、此洞穴を通抜て向岸に渡るときは、固《もと》より目には見へざれども、川の舟は頭《かしら》の上を往来するなり」。

ただ、この著が執筆されたのは明治維新成立前年の混乱期であったせいか、それから50年くらい経過するまで「トンネル」という呼び方は日の目を見ることはありませんでした。それまでは「トンネル」は「隧道《すいどう》」と呼ばれていました。元来、この「隧道」は、福沢の愛読書でもあった『春秋左氏伝』（成立時期：前４８０年以降（春秋成立））の僖公《きこう》の項に「請隧（隧を請う）」とあるように隧は「墓穴に通じる道」の意味でした。英語のtunnelの訳語に使用されるようになると、「隧道」が現在と同義の「山腹に穴を掘って通じた道」の意味となりました。

この「隧道」が、「水道」の普及に伴い、混乱をさけるため「ずいどう」と読むようになりました。しかし、この「隧道」も昭和40年代には、ほとんどが「トンネル」という語に統一されました。

要点BOX

- 福沢諭吉がトンネルを日本に紹介
- 江戸末期、ロンドンには河底トンネルがあった
- トンネルの前は隧道と呼ばれていた

「トンネル」という言葉を日本に紹介した福沢諭吉

福澤の他にも明治初期の文化人がトンネルという語を著書で記す。明治維新後の急速な欧米化によってトンネルという語は急速に日本に広まったと考えられる。

テームズ川の川底にトンネルを掘削する様子

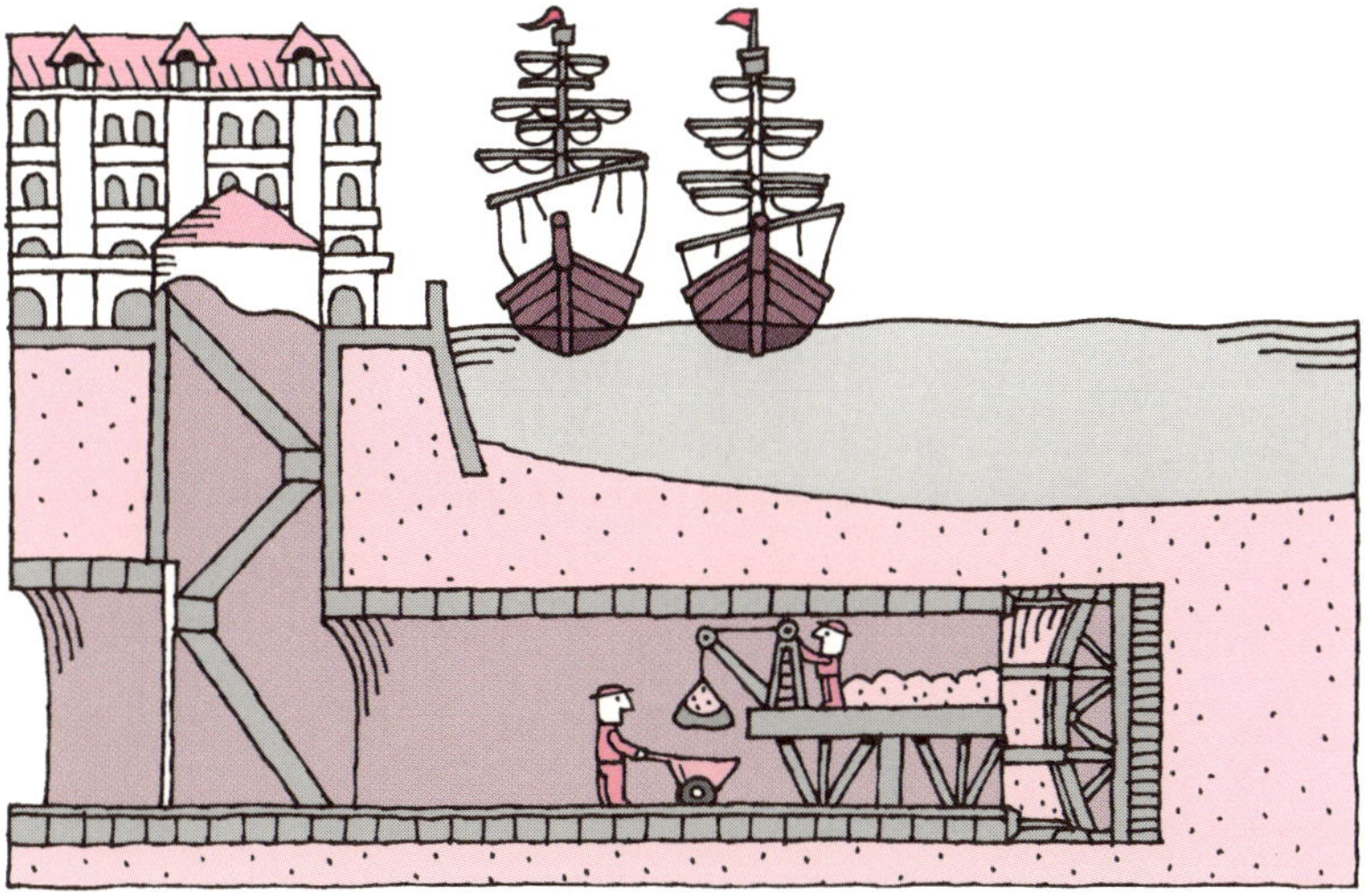

ロンドンのテームズ川河底に建設された約6kmのトンネル（1843年に開通）。この時日本は、老中水野忠邦によって天保の改革の一つである人返し法が出されている。

11 山岳信仰とトンネル

トンネルは避けられ峠が発達

「はじめに」でも触れましたが、古来より日本には山岳信仰があり、山に穴を開けてトンネルを造ることをためらってきました。そのためトンネルのかわりに峠が発達したのです。『古事記』の時代には、「峠」という字がまだなく、とりあえず「坂」という漢字が使われています。この「坂」の意味は「二つの地域を分ける地点」です。現在、わたしたちが日常使っている「斜面」の意味だけではありません。この坂は境目の「さか」を意味するのです。

島根県の東出雲町に黄泉比良坂《よもつひらさか》があります。これは日本神話の生者《せいじゃ》の住む現世と死者の住む他界（黄《よ》泉《み》）との境目とされる坂、また境界場所ということです。仏典に三途《さんず》の川があります。これは此岸《しがん》（現世）と彼岸（あの世）を分ける境目にあるとされる川です。

この川は、流れの異なる三つの瀬があります。生前の業《ごう》により、善人は美しい橋、軽い罪人は膝までの浅瀬、そして重い罪人は背丈ほどの深瀬を渡ることになります。

国という古代の行政区域は、主に山、川などの自然の地形によって区切られた区画でした。そのため、隣の国（藩）に行く時には、山越えが少なくありませんでした。かつての峠は、国境《くにざかい》でした。旅人が目指すその先は異郷の地でした。峠はこれから先の無事を祈り、そして帰り着いた時の無事を感謝する場所でした。

峠は、ある勢力が支配する世界と別の勢力が支配する世界の境界線でもあり、そこを無事通過するためには、一定の通過儀礼が必要とされるものでした。それが古代において「神を祀ること」であり、一方では精神的に落ち着く「踊り場」のようなところだったのでしょう。

先ほど、述べたように人が通るトンネルを造ることをためらってきましたが、例外的に水を通す水路トンネルは造ってきました。

要点BOX

- ●古代の行政区域は地形の影響を受けていた
- ●峠も境界の役割を持っていた
- ●水路トンネルは造られてきた

長尾峠《ながおとうげ》

神奈川県足柄郡箱根町と静岡県御殿場市の間にある峠。

国境だった峠

12

江戸時代にもいたトンネル技術者①

武士と商人それぞれの事業

徳川家康が江戸時代を治めていた頃、トンネルの使用目的は、ほとんどが採鉱や水供給でした。トンネルを掘る職人は坑夫と呼ばれており、現在もその名が受け継がれています。江戸時代には、佐渡の金山をはじめ多くの鉱山で金などの有用鉱物が産出されていました。そこで、金を主とした鉱物資源の乱採鉱を未然に防ぐために、家康は治安秩序の保持や出入りを取り締まるための法律として「鉱業稼行上基本法令」を制定し、その中で採鉱ならびに山を掘る技術者に対する取り決めとして「山例五十三箇条」、通称「家康公五十三箇条之事」を定めたと言われています。坑夫を束ねる親方のトンネル技術者を当時「山師」とよび、この取り決めの中で武士と同等の非常に強い権限を与えていました。また、金などの貴重な鉱物を産出する山を他藩の指揮下におかずに、幕府直轄の指揮権においています。

加賀百万石三代藩主前田利常は、１６３１年の金沢大火を繰り返させないために防火用水兼用の上水道の建設を厳命しました。これに応えて水道建設に成功したのが商人の板屋兵四郎です。彼はそれ以前から灌漑用水路の建設、山野の開拓など多くを手がけ、算術などに巧みな者としてその名が知られていました。

この用水は、金沢城の東南つまり辰巳《たつみ》の方向にある犀川の雉岩《きじいわ》で取水したことから辰巳用水とよばれています。雉岩から中流までは小立野台地《こだつのだいち》の段丘斜面に沿い、これから約3キロの間は山裾にトンネルを造りました。それから兼六園までの約8キロの区間は開水路や暗渠（おおいをした水路のことで、灌漑・排水などのために設けた溝）を築造しました。工事は１６３２年の夏から開始され、人夫たちに日に4度の食事を給して未明から夜遅くまで働かせ、完成を急がせたといいます。この用水は今でも金沢市民に潤いを与えています。

要点BOX

- ●徳川家康による許可制
- ●山師は武士同等、鉱山は江戸幕府直轄
- ●辰巳用水は今でも潤いをもたらしている

江戸時代にトンネルに関わった人たち

徳川家康

板屋兵四郎

辰巳用水

隧道

上流部にあるトンネルは、江戸時代の状態を最も良好に残している。

石管

辰巳用水の導水技術には逆サイフォンという原理が用いられている。兼六園側から木管（のちに石管に改修）を埋設して標高の低い石川門前から土手内を通り、対岸高台にある城内二の丸まで揚水する仕組み。

出典：「辰巳用水」金沢市パンフレット、2017年9月

13 江戸時代にもいたトンネル技術者②

和尚さんの一大事業

江戸時代には他にも様々な人物がトンネルを掘りました。次に、禅海和尚にご登場いただきましょう。和尚さんとトンネルはどういう関係にあるの？と不思議に思われたかもしれませんが、菊池寛の小説『恩讐の彼方に』と言えばピンときた方もいらっしゃるのではないでしょうか。大分県JR中津駅から南に12kmほど入った山国川沿いに「青の洞門」というトンネルを現在でも見ることができます。小説は、禅海和尚が青の洞門を苦心の末掘り抜いたという事実とヒューマニズムを織り込んだフィクションですが、この小説を機に青の洞門が一躍有名になりました。おおよそ事実は次の通りであると考えられています。

東城井村（現・本耶馬渓町）大字樋田に「鎖渡《くさりど》」と呼ばれ、通る人の生命をおびやかす難所がありました。鎖渡とは桟道のことで、これは断崖絶壁の岩肌に沿うように板を並べただけの通り道のことです。人々はその板を踏みしめながら鎖を伝って通行していたのでした。かなり危険な難所であったため、行き違いざまに川に転落して死傷する者が絶えなかったと言われています。

そのことを知った禅海和尚が、この岩肌に穴をあけて人々の通行の便に供したいと考え、1720年（享保5年）中津藩主小笠原家に代わって入国した奥平昌成《まさしげ》に出願してその許可を受けました。ある時は単身ノミを振るい、またある時は村人の加勢を受けて、長さはわずか185メートルにすぎないトンネルですが、30年の月日をかけて1750年8月にほぼ貫通させました。その時既に禅海は64歳。今も青の洞門を目の当たりにすると、約250年前の和尚の鑿《のみ》を振るう姿が浮かび上がってくるようです。

江戸時代のトンネル技術者あるいはトンネルに深く関わった、武士、商人、和尚といった様々な立場の方々を紹介しました。江戸時代には他にも水路トンネルである深良（箱根）用水も造られています。

要点BOX

- 青の洞門
- 人々のために単身鑿を振るう
- 185mのトンネルを約30年かけて造った

禅海和尚

菊池寛の『恩讐の彼方に』では、禅海和尚は了海という名前で登場。また、この小説では、隧道は「樋田の刳貫」と呼ばれ、「青の洞門」という名称は用いられていない。

現在の青の洞門

明治後期には大改修が行われ、車両が通過できるよう青の洞門も拡幅。大部分は原形を留めていないが、明かり採り窓などの一部に手掘りのノミの跡が残っているとのこと。

14 そもそもトンネルって？①

そもそも「トンネル」、英語で「tunnel」の語源は何なのでしょうか？　語源辞典の類をあたってみると、おおよそ次のような変遷をたどってきたようです。

古代フランス語（800年頃～1400年頃）の大酒樽に由来した「tonne」に端を発し、はじめは樽のような容器を指していたようです。一方「うずら捕り」に用いられた籠「tonel」から派生したという説もあります。その籠が今日のトンネルのような格好をしていたので、そういう形がtunnelと呼ばれるようになったとの説です。どちらにしても現在のトンネルとはあまり似ていないですね。

また、別の説として、中世の英語での語源です。先に挙げた「tonel」に端を発したまでは同じですが、その後16世紀に入って「管、パイプ、チューブ」などの意味で呼ばれるようになり、やがて1700年代末にはその転用で「（鉱山の）坑道」さらに「トンネル」の意味が発達したというものもあります。

いずれにしても今日の「トンネル」の意味で用いられるようになったのは今から約200年ほど前の18世紀末のことです。

話を転じて、トンネルと付く言葉を探してみましょう。野球でよく耳にするトンネル、中間利益を得るだけの名目上の会社を指すトンネル会社、これらはマイナスのイメージで使われます。

最後に、科学やSFで登場するトンネルをいくつか紹介しましょう。量子力学の分野でトンネル効果というのがあります。この効果は、江崎玲於奈によって発見され、この功績で1973年にノーベル物理学賞を授与されています。この効果を応用した製品にはトンネルダイオードがあり、マイクロ波のような超高周波領域で発振や増幅を行うためのダイオードで活用されています。もう一つ、タイムトンネル。時空を超えて別な時代の世界に旅すること。ロマンあふれる素敵なイメージで使われるトンネルです。

要点BOX

- 古代フランス語の大酒樽
- 今のトンネルと同じ意味になったのは18世紀末
- トンネルと付く類語の色々

大酒樽

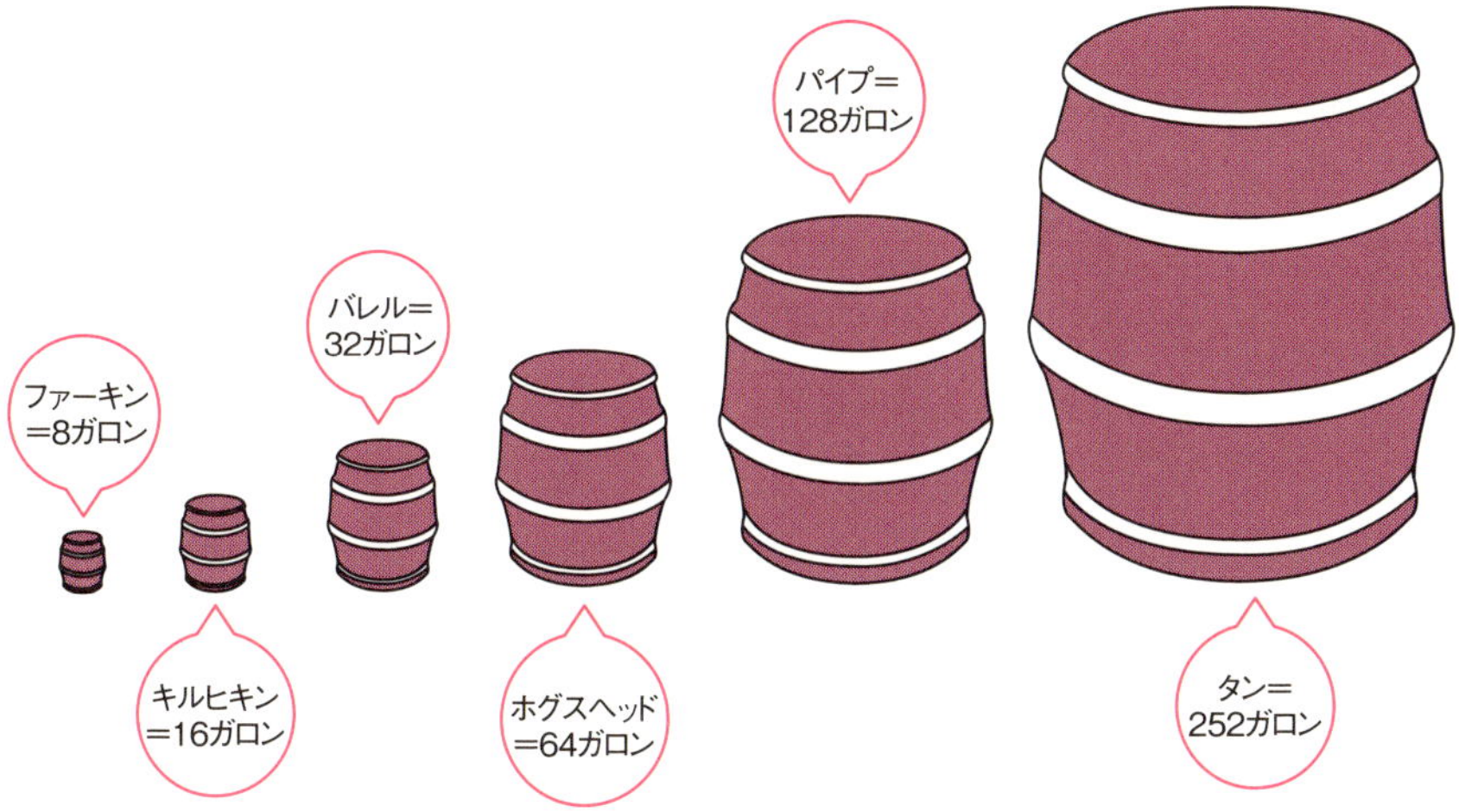

大酒樽をタン（tonne）と呼ぶ。この大酒樽を横倒しにするとトンネルに似ていることからtonneが派生したtunnelと呼ばれるようになったとの説。

うずら捕りに用いられた籠

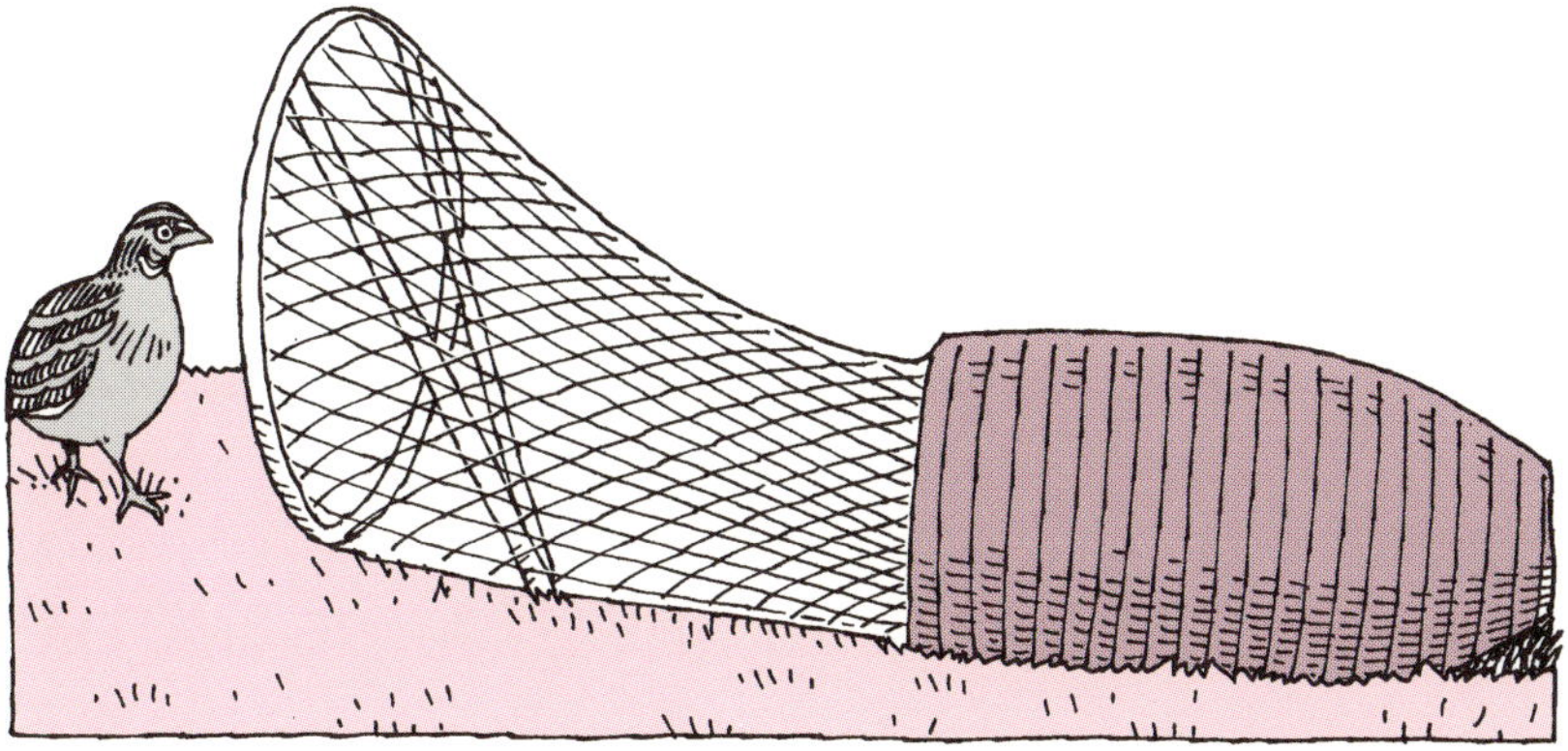

うずら捕りの籠をtonel。英訳はfunnel-shaped netつまり漏斗状の網を意味する。そのtonelから派生したという説。

15 そもそもトンネルって？②

トンネルの定義と分類

一体、何をどこまで「トンネル」と呼ぶのか？トンネルの定義についての話をします。

1970年のOECDトンネル会議で、「トンネルとは、計画された位置に所定の断面寸法をもって設けられた地下構造物で、その施工法は問わないが仕上がり断面積が2㎡以上のものとする。」と定義されました。また、一般社団法人日本トンネル技術協会（JTA）では、OECDの断面積の定義に加えて「トンネルとは、一般に2地点間の交通と物資の輸送あるいは貯留などを目的とし、建設される地下の空間で、断面の高さあるいは幅に比べて軸方向に細長い地下空間をいいます。広い意味には、立坑、斜坑、地下発電所などの人工空間も含むとされています。」と解説しています。つまり、山中や地面下などに構築された空間のことです。

トンネルにはどのような用途があるでしょうか。例えば、使用目的や建設する場所、掘削対象地山、施工法などにより様々な名前で呼ばれています。

まずは使用目的による分類です。①交通運輸用には、鉄道、道路、地下鉄、地下駐車場、運河等。②用水（路）用には、上水道、水力発電用、灌漑用など。③公益事業用には、下水道、ガス、電力線、通信線共同溝など。④その他として、地下貯蔵施設、地下工場、地域冷暖房用、地下街、地下発電所などに分けられます。

次に工事箇所による分類です。①山岳トンネル、②都市トンネル、③水底トンネルの三つに分けられます。

三つ目に掘削対象地山による分類で、これは岩石（硬岩、軟岩）トンネルおよび土砂（軟弱地盤も含む）トンネルのいずれかに分類されます。

四つ目に施工方法による分類です。①山岳トンネル、②シールドトンネル、③開削トンネル、④沈埋トンネルです。そのほかには、トンネルの形態による分類や仕上り断面の大きさによる分類もあります。

要点BOX

- ●OECDで定義された
- ●山の中や地面の下の空間のこと
- ●トンネルは様々に分類される

トンネルの定義

OECD会議（1970年）の定義

「トンネルとは、計画された位置に所定の断面寸法をもって設けられた地下構造物で、その施工法は問わないが仕上がり断面積が2m^{2}以上のものとする。」

JTA（日本トンネル技術協会）の定義（狭義）

「仕上がり断面の直径が0.8m以上をトンネルとして扱い、鉱山における坑道などは含まない」

トンネルの分類

種別	呼び名
用途	交通用トンネル 水路用トンネル 都市施設用トンネル 備蓄用トンネル
建設する場所	山岳トンネル 都市トンネル 水底トンネルなど
掘削対象地山	硬岩トンネル 軟岩トンネル 軟弱地盤トンネルなど
施工法	山岳工法トンネル シールド工法トンネル 開削工法トンネル 沈埋工法トンネル
形態的な特徴	単設トンネル 双設トンネル 併設（めがね）トンネルなど
仕上がり断面	極小断面トンネル（3m^{2}未満） 小断面トンネル（3～10m^{2}未満） 中断面トンネル（10～50m^{2}未満） 大断面トンネル（50～100m^{2}未満） 超大断面トンネル（100m^{2}未満）

16 まずは隠れ家としての利用から

トンネルの起源

人類が最初に洞窟の中で暮らし始めたのは、今から約15万年前の第三間氷期から第四氷河期初期にいた旧人類ネアンデルタール人だと考えられています。この時代にはすでに埋葬習慣があり、このあと登場する現生人類クロマニヨン人と前後して竪穴式住居での生活も始まったと考えられています。第四紀更新世第四氷河期に登場した現生人類クロマニヨン人が洞窟壁画を残しているのは非常に有名です。わたしたちの祖先にあたる旧人類あるいは先現生人類から自然の洞窟を利用して生活して以来、今日まで人工的にあらゆる場所にトンネルを造るなど、人類は積極的に地下を利用しています。

トンネルの起源は、今から約6000年前のイラン高原における導水（灌漑用水）トンネルです。シュメール文明を開花させた地中海系人種エラム人は、幅0.6m、高さ1m程度の小断面で、長さは数km程度のものから10数km、中には80kmにも達するトンネルによってメソポタミア原野の開拓をしました。地表下数mの土層に掘られたこのトンネルは、今日もなお、この地方の農業経営に使われているとは驚きです。現在「ガナート」と呼ばれているこの農業用導水トンネルの呼称は、アラビア語の「地下水路」を意味する「カナート」に由来し、ペルシア時代には「カフレーズ」、「カーレーズ」などと呼ばれていました。このガナートのような、ごく小断面の土砂トンネルを地表下数mの浅い位置に造るには、今日の北欧が採用しているキッキング（Kicking）法と呼ばれる工法が使われたと考えられています。一枚の狭い板に簡単な加工をして、仰向けに腰掛け、掘ってきた方を見ながら足でスコップを使って掘進するものです。こうすれば非常に楽に作業することができます。また、これと時期をほぼ同じくして計算法の原点とされるシュメル算法と呼ばれる手法が確立されていますが、ガナートの設計や測量にこの算法を利用していたと考えられます。

要点BOX

- ●洞窟暮らし
- ●イランの導水トンネル、カナート
- ●掘削はキッキング法

ガナート掘削の想像図

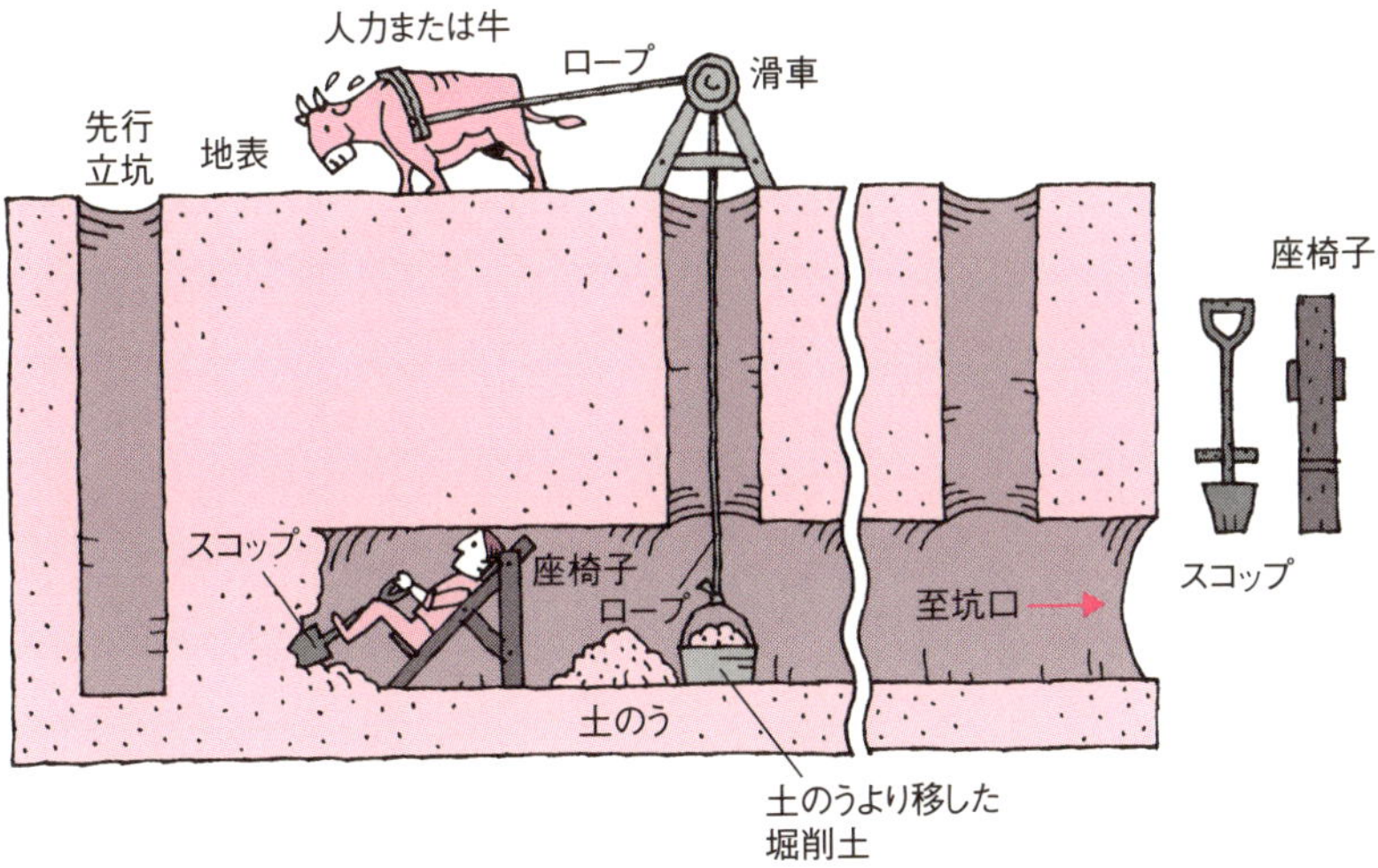

一枚の幅の狭い板に簡単な加工をして仰向けに腰掛け、入口の方(掘進方向と逆)を見ながら足でスコップを使って掘削する。こうすれば掘進方向が定まり、作業も楽である。

カナート

今から約6000年前を起源とする灌漑用水路用トンネル。現在も使われ、掘り方もほぼ昔のままと考えられている。

17 かつてのライフラインだった水路トンネル

箱根用水

水路トンネルの代表例に箱根用水があります。箱根山をくり抜き、神奈川県の芦ノ湖の水を静岡県裾野市に引くために造られた灌漑用水路です（上の図）。深良《ふから》用水とも言います。この用水は4年の歳月をかけ、江戸時代の初期、1670（寛文10）年に完成。静岡県側の深良村（現裾野市）の新田開発のために掘られたものです。芦ノ湖の四ツ留に用水口を設けました。ここから83・63mの堀割を造り、その両側は高さ2・42mの石垣にしました。ここからトンネルに入りますが、その入口の断面は3・03m四方、長さ9・09mの組枠を立てました。トンネルの長さは1・342mで断面は1・82m四方です。全長は約1・280mです。高低差は9.8m。

掘り方は鑿《のみ》と槌《つち》での素掘りです。油で岩石を熱し、水で急激に冷やし、破壊する工法をとった形跡が見られます。トンネルの内部は、軟らかい火山性の砂礫の凝灰岩が多く、安山岩などの硬い岩盤の地質です。

トンネルを掘る技として、芦ノ湖側からは上目に掘り、深良側からは下目に掘っています。結合場所の段差は1.5m。芦ノ湖側が高いと草木や泥などがたまりにくいのです。当時の技術としては驚くべき誤差の範囲です。

用水以前、裾野は低地では黄瀬川《きせがわ》の水で稲作を、高台では畑作をしていました。当時の農村には農奴状態だった下人《げにん》がいましたが、小田原藩は用水の水で畑作地を水田に替え、下人を自作農に育てることで自主性を持たせ、農民の生活安定と藩にとっては、税収増を狙っていました。ある研究者は、箱根用水の主目的は水不足解消だとする説は正しくないと指摘しています。

用水の水は黄瀬川に流れるため、黄瀬川の水と用水の区別はできず、以前から黄瀬川の水で稲作していた農民と、用水で稲作を始めた農民との間で水争いが増えたそうです。

要点BOX

- 芦ノ湖と深良の高低差は9.8m
- 新田開発のための用水路
- 用水路は鑿と槌での素掘

箱根用水の縦断面図

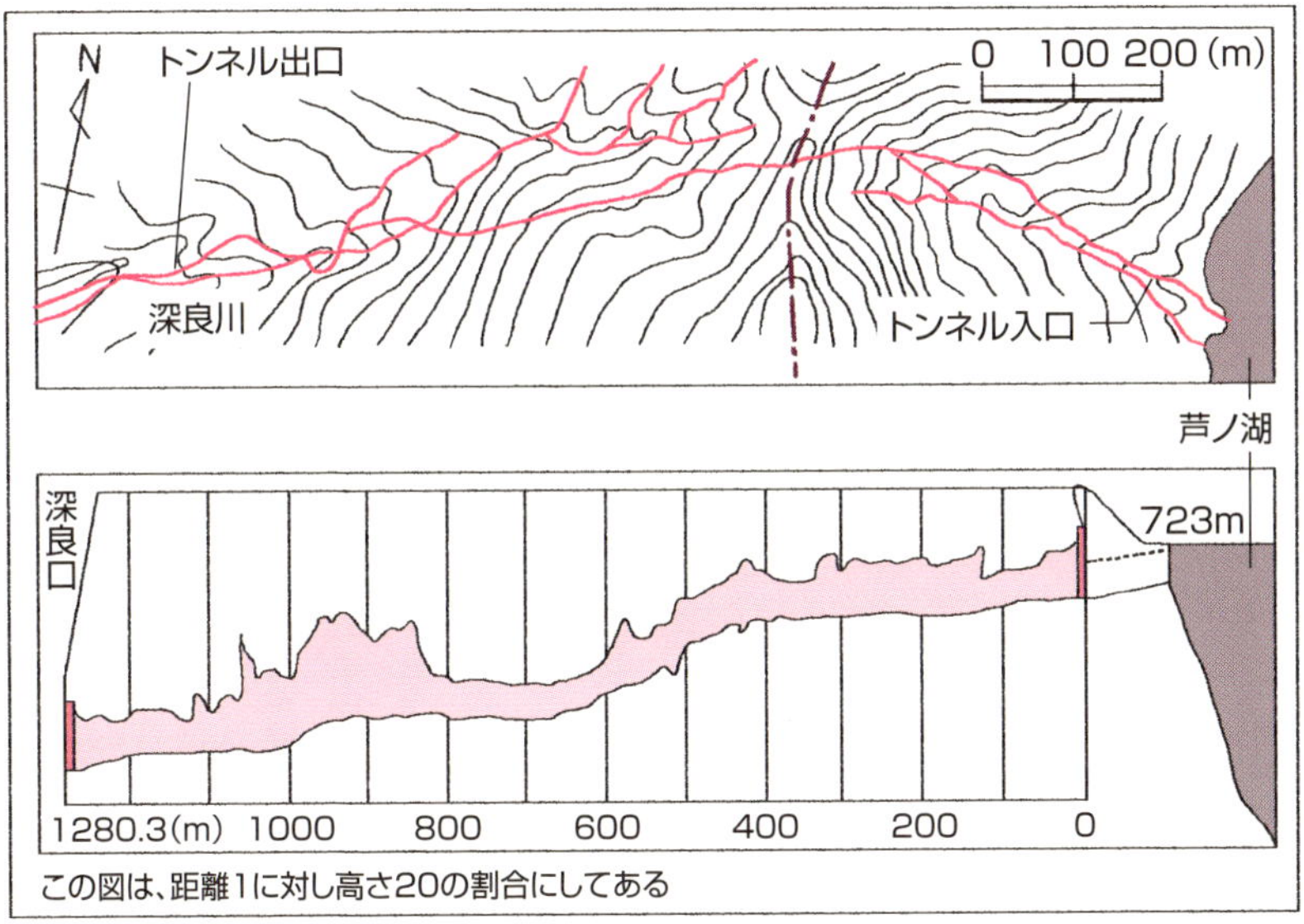

芦ノ湖と深良を一直線に結んだラインより、芦ノ湖側からは少し上目に、深良からは少し下目に掘り進めたことがわかる。

出典：『トンネル工学』大塚本夫著、朝倉書店

トンネルの掘り方

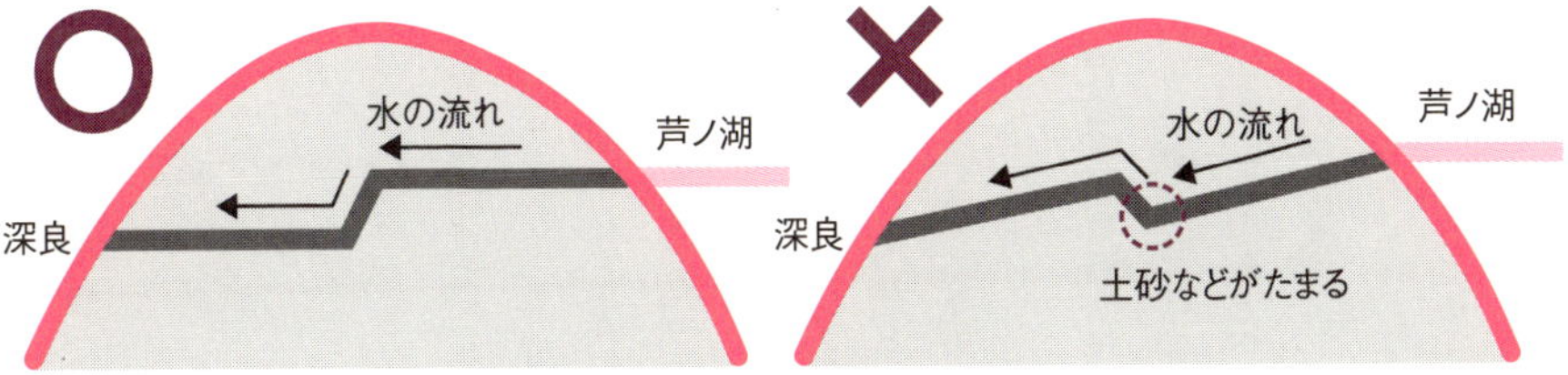

高い方は上目に、低い方は下目に。

18 文明とともに発展したトンネル

約４０００年前のバビロニア（今のイラク）には、川を境にして栄えていたバビロン宮殿と、そこに住む人々が崇拝した神マルドクの神殿をつなぐためにユーフラテス川の河底にトンネルが造られました。トンネルの長さは１００m以上、断面の高さは約５mあったそうです。このバビロンのトンネルのことは、古代シリヤの歴史家で、紀元前に世界史を作ったヂオドラス・シキュラスが記述しています。それによるとアッシリアの女王セミラミスの時代に建造されたものとなっています。それから約４０００年後のテームズトンネルが掘られるまで、軟らかい泥の河底にできたトンネルは他にはなかったようです。

一方、アテネの東岸にあるサモス島では、今から約２５００年前に活躍した土木技術者ユウパリヌスがサモス港の裏山に１km近いトンネルを掘って、同港へ飲料水を供給しました。この人物は、史上2番目に実名で登場する土木技術者です。

紀元前３１２年に、当時の執政官であったアッピウスが、イタリア半島における飲料水確保のために、全長16・５kmのアッピア水道を造らせたのを皮切りに、紀元後１００年までに7本の水道を含む累加延長３７０kmの水道が造られました。地下構造部分２５４kmのうち、57kmは純粋なトンネルであったろうと考えられています。ローマ人はこうした上水道をはじめ、大下水渠、さらには軍事と交通用に道路トンネルを造り「すべての道は、最短距離でローマに通ずる」よう心がけたそうです。

古代最大のトンネルは、４代ローマ皇帝クラウディス（在位A.D.41～54年）が造ったフキノ湖干拓用のトンネルです。イタリア半島のほぼ中央にあったアペニノ山中にこの湖は位置し、西南岸の山体に長さ約５kmのトンネルを掘って、チレニア海に注ぐリリ川に放流しようというもので、トンネルの幅は2.7m、高さは６m以上あります。

要点BOX

- ●バビロニアの河底トンネル
- ●アテネの飲料水用トンネル
- ●古代最大、フキノ湖干拓用トンネル

先史時代の地下掘削遺跡

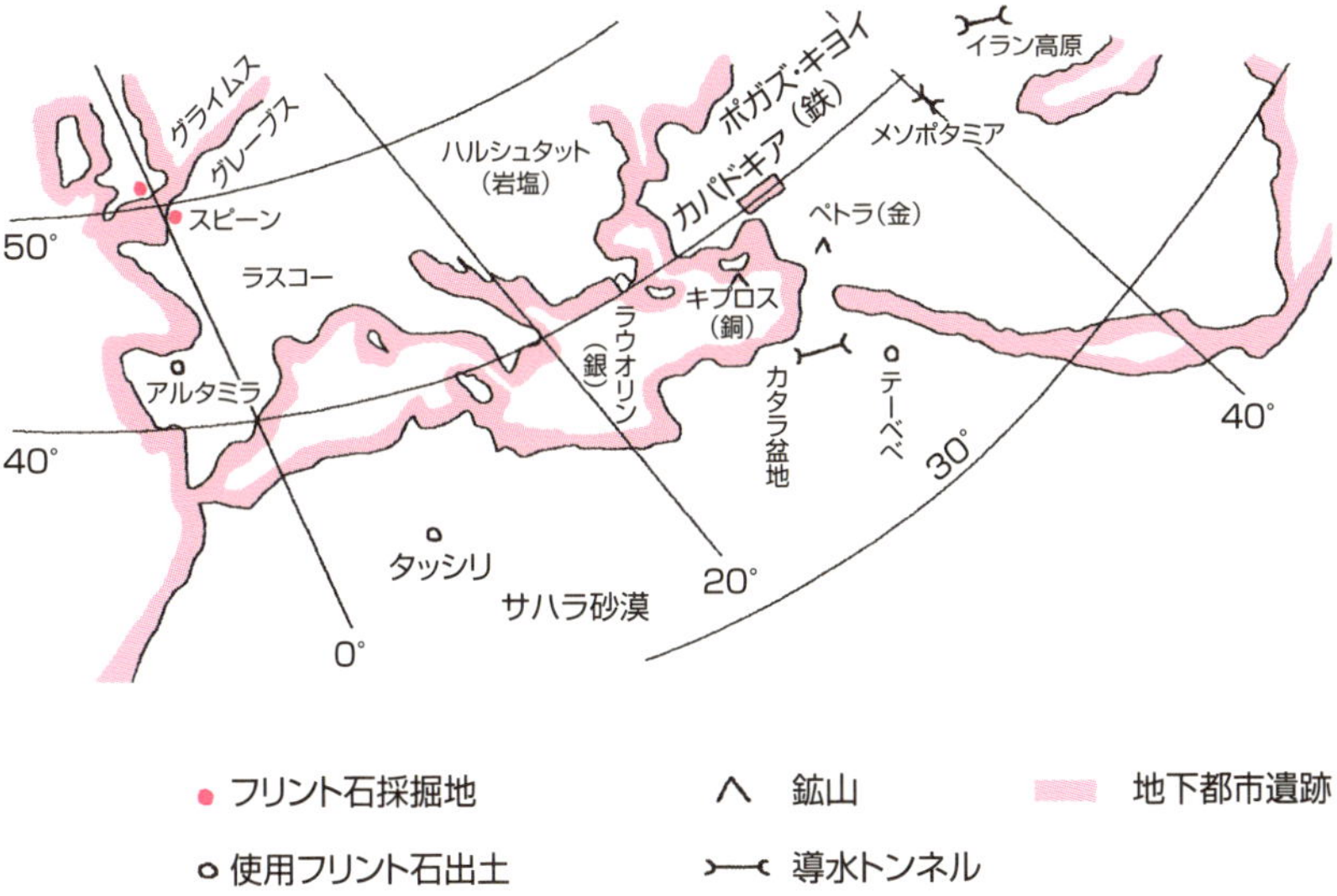

サモス島の上下水道トンネル

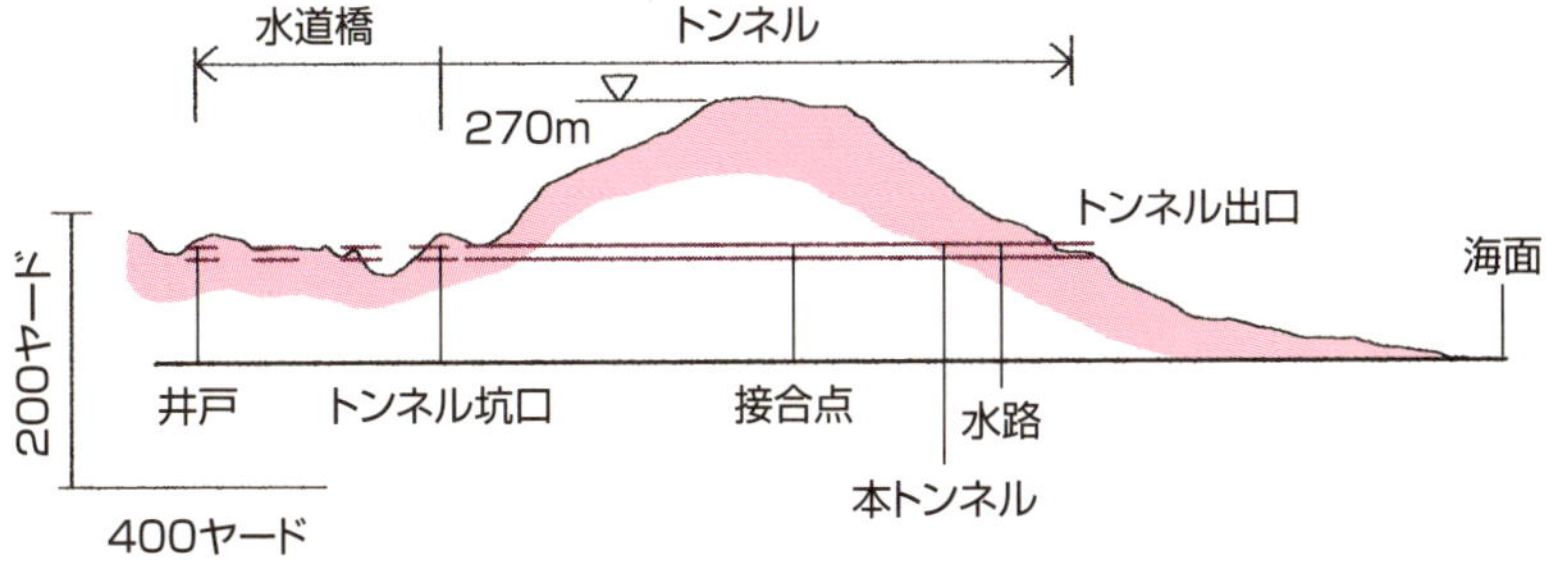

出典：「トンネル技術の歩み」村上良丸、土木学会トンネル工学研究発表会論文・報告集、第4巻、招待論文

19 現代トンネルの原点ここにあり

近世・近代のトンネルあれこれ

中世はこれといったトンネル事業のない、いわゆる「トンネル暗黒時代」でした。

近世に入ると、ヨーロッパで大きなトンネル事業が再開されました。1700年代前半、イギリスにおける運河用トンネルで初めて火薬の発破によってトンネル掘削が行われました。この時の作業は、手鑿《のみ》で岩盤に穴をあけ、黒色火薬を詰めて発破するというものでしたが、非常に硬い岩と出水に悩まされて大変な苦労をしたそうです。

トンネルを掘る地盤は、岩盤のように硬く堅固なものと、砂や粘土からなる柔らかくて崩れやすいものがあります。そして、これらの地盤を克服できるトンネル技術が、産業革命と時期を同じくして現れました。

硬い地盤では、黒色火薬が鉱山に使われるまでは、「火あぶりの法」つまり岩石を熱して、水をかけて急冷して破砕するという方法で掘削が行われていました。

しかし、ダイナマイトの発明により、トンネルを速く掘ることに大きな成果を上げました。

ノーベル賞で有名なアルフレッド・ノーベルは、珪藻土にニトログリセリンを染み込ませたストレートダイナマイトの特許を1867年に得ました。アメリカのフーザックトンネルは1851年から75年にかけて掘られた長大トンネルで延長7.1kmあり、ダイナマイトが後半に採用されました。一方、アルプス越えの長大トンネルの掘削が始まっていたヨーロッパでは、ダイナマイトによる掘削方法が積極的に採用され、延長14kmのモンスニートンネルは1857年に着工し1871年に完成しています。

柔らかい地盤の掘削を可能にしたのは、M・I・ブルネルでした。彼は1818年に初めてシールド工法の特許を取っています。注目すべきところは、鋼製のシールドを移動しながらトンネルを掘削することにあります。これについては38で詳しく述べます。

要点BOX

- ●火薬を使って掘った最初のトンネル
- ●ダイナマイトの発明がトンネルを劇的に進化
- ●シールド工法生みの親、M・I・ブルネル

たき火工法

たき火工法または火あぶりの方法。トンネル内で火をたいて岩盤を熱し、これに急に水をかけることによって岩盤に亀裂を入れて掘っていくという方法。

ノーベル賞は、ダイナマイトを発明したアルフレッド・ノーベル(1833年～1896年)の遺言によって創設された。

20 難工事を経験したからこそのトンネル技術

高熱との壮絶な闘い

黒部第三発電所は、欅平の近くに昭和15年に完成した水力発電所です。欅平から上流の黒部川は極めて急峻な渓谷となっており、建設当時、道幅が非常に狭い日電歩道と呼ばれる唯一の道があるだけでした。そのため、別の工事用のルートを確保する必要がありました。

黒部川の流域には多くの温泉が湧き出しています。トンネルの掘削を開始すると、岩盤の温度は徐々に上昇し、最高で166℃にまで達しました。トンネルの掘削には、ダイナマイトを使用していましたが、使用できる温度は40℃以下という基準がありとても使えません。そのため、装填前に水をかけて岩盤を冷やすなどして掘削を続けました。しかし、岩盤温度が120℃に達した時にダイナマイトの暴発事故が発生し8名の犠牲者が出ました。

トンネル坑内の温度も岩盤の温度上昇とともに上がり続けたため、黒部川から冷たい水を汲み上げて、トンネル前面で作業する人に後ろからホースで水をかけて暑さ対策をしました。

トンネル工事は冬の期間も続けられました。冬の間は工事現場へ行き来することもきわめて困難となるため、宿舎を建設し、山の中で越冬する必要がありました。雪崩の頻発する峡谷に宿舎を建てなければならなかったため鉄筋コンクリートの頑丈な宿舎を建設し、さらに雪崩よけの壁を造りました。しかし、「泡雪崩《ほうなだれ》」と呼ばれる壮絶な雪崩により、5階建ての鉄筋コンクリート宿舎の2階部分から上が吹き飛ばされて、78mの高さの尾根を越えて、さらに580m離れた岸壁に叩き付けられるという事故が発生しました。この事故で84名が亡くなりました。

300名を超える犠牲者を出すなどの多くの困難を乗り越えて、昭和15年11月に黒部川第三発電所工事は完成しました。現在のトンネル技術もこうした犠牲の上に立っていることを忘れてはなりません。

要点BOX

- 黒部川第三発電所の工事
- 岩盤温度が100℃を超える
- 300名を超える犠牲者

黒部川第三発電所の場所

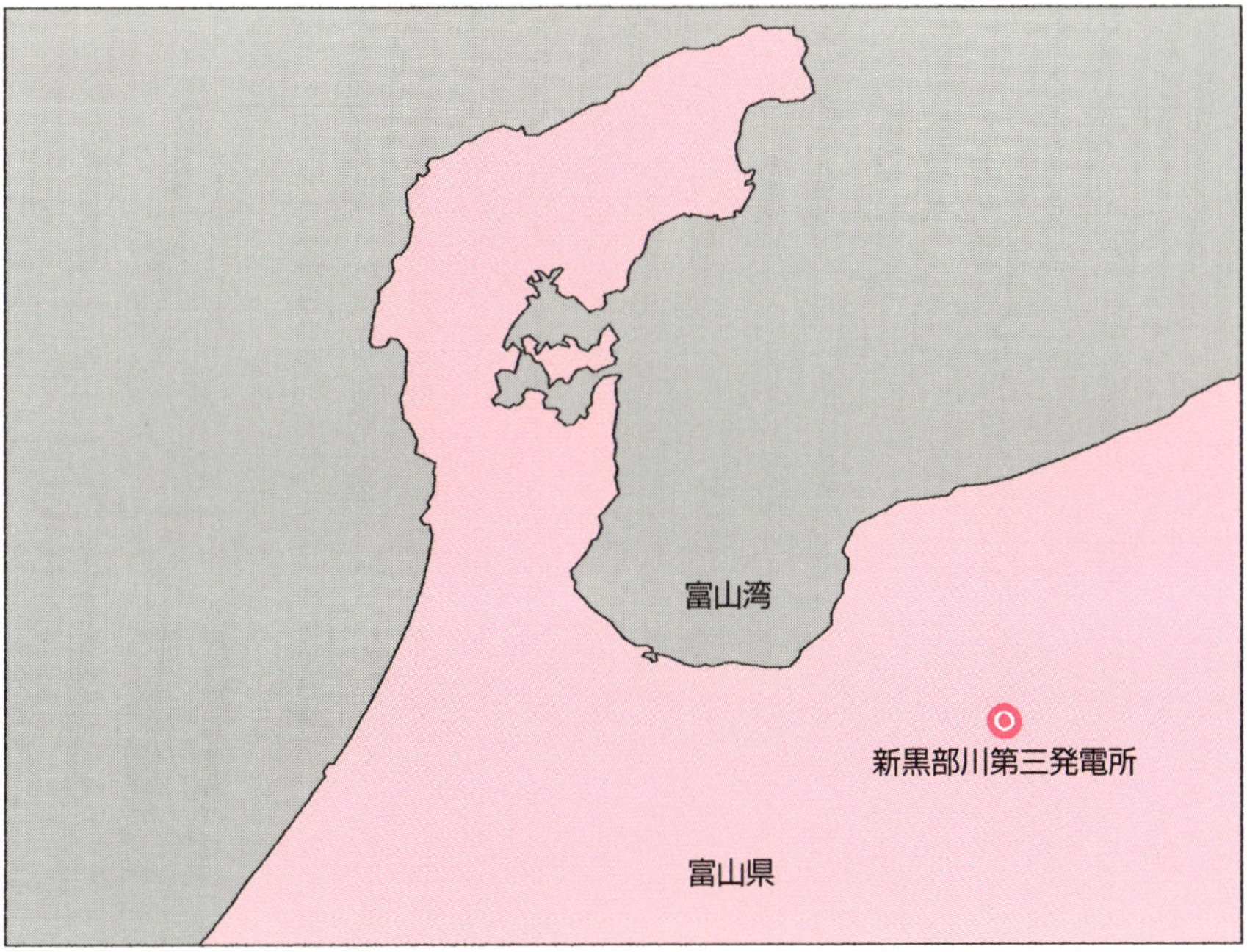

「高熱隧道」(吉村昭、新潮社)の書影

21 日本が世界に誇るビッグプロジェクト

海底下のトンネルや長大なトンネル

北海道と青森県の間には津軽海峡があります。この海峡の下には青函トンネルがあります。長さは53・8㎞。ついこの間までは世界最長の交通用トンネルでした（現在、世界最長トンネルは、スイスのゴッタルドベーストンネル）。本州と北海道をトンネルで結ぶ構想は第二次世界大戦前からあったそうです。終戦後に地質調査が行われ、調査中断時期もありましたが、1964年に斜坑の掘削を71年には本坑の掘削が開始されました。従来型の山岳工法です。トンネルの最深部は水深140mの海底面とさらに海底面下100mもあります。海底下の作業では4度の異常出水事故が起きました。毎分70t以上の水量だったそうです。青函トンネルは調査開始から40年あまりの歳月を経て完成しました。今では鉄道用の他、光ファイバーケーブルも敷設されて通信面でも重要な役割りを担っています。

次は関越トンネルです。本州日本海側の最大都市である新潟市と関東平野の間には、豪雪を降らせる地質的要因である三国山脈が横たわっています。標高が2000m前後で天候も悪いことが多く、昔から交通の難所でした。ただ、トンネルを掘ってみると山が石英閃緑岩と呼ばれる硬い山で、工事中も崩落させることなく安定的に掘れました。トンネルの断面を分割することなく発破掘削で掘れ、当時の最新機械も多く導入することができた結果、約10㎞のトンネルを4年半で掘ることができました。ただし、全てが順調だったわけではありません。山の高さが高く、かつ山が非常に硬い場合には「山はね」（巻末用語集参照）という現象が起きやすくなります。関越トンネルでもこの山はねには苦労しました。ちなみにこの付近には、関越トンネルよりも長い鉄道トンネルがあります。道路のカーブは鉄道よりもきつくでき、また、道路では排ガス対策が必要なことから、同じ場所にトンネルを掘る場合には道路は鉄道よりも短くなる傾向にあります。

要点BOX

- ●青函トンネルは約40年のプロジェクト
- ●関越トンネルは約10km、4年半で完成
- ●道路トンネルと鉄道トンネルの違い

青函トンネル

全長：53.85km／海底部23.3km（鉄道トンネル）
JR東日本・津軽今別駅―JR北海道・知内駅
掘削開始：1964年5月（斜杭）
貫通：先進導坑1983年1月
本坑1985年3月（供用開始1988年3月）

関越トンネル

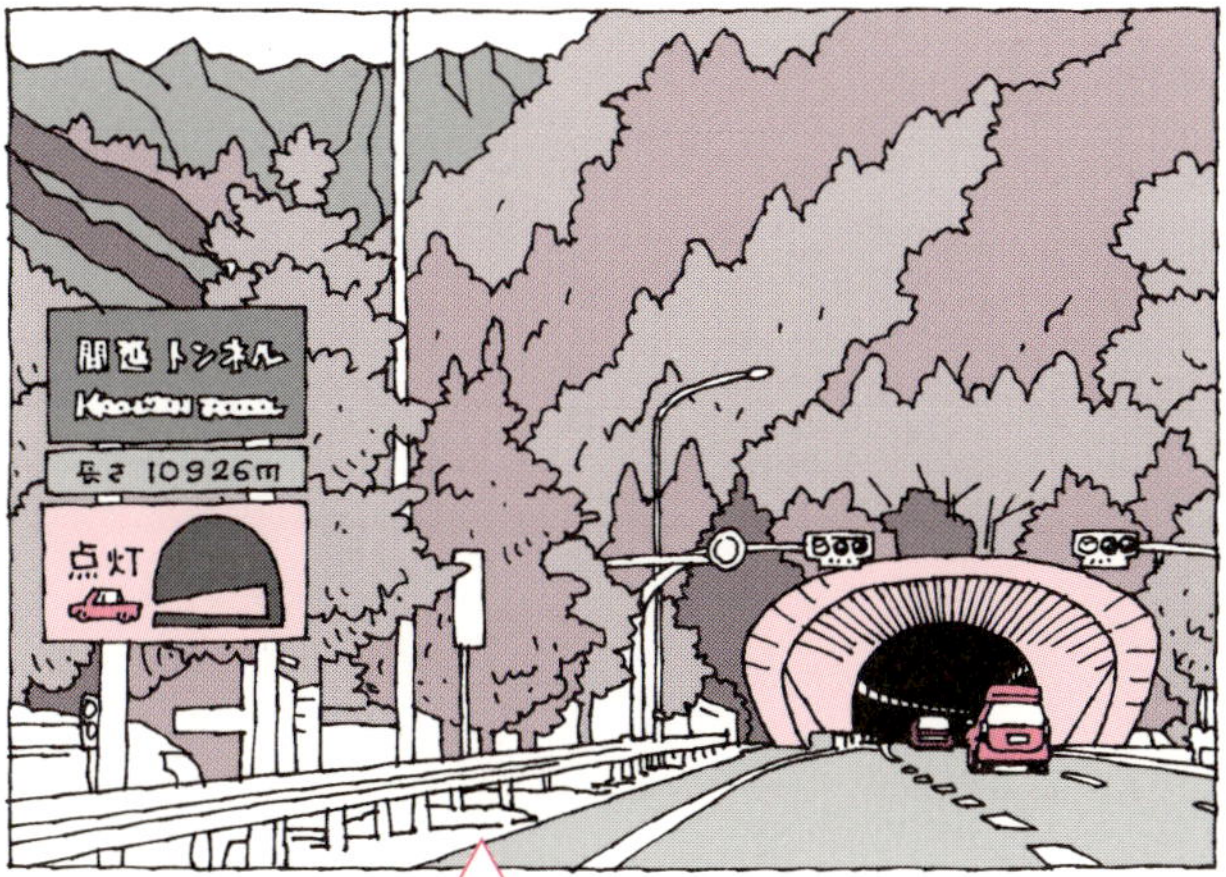

全長：上り11,055m／下り10,926m（鉄道トンネル）
関越自動車道・谷川岳PA―土橋PA
掘削開始：1977年7月（湯沢側本杭）
貫通：1982年2月（供用開始1985年10月）

22 海外におけるビッグプロジェクト

国をそして海をまたぐ壮大なトンネル

イギリスとフランスをトンネルでつなごうという構想は、1753年に発表されました。フランスの地質学者N・デマレがルイ15世に横断トンネル計画を進言したことに始まります。ナポレオンの時代の1802年には、鉱山技師マテューより、ローソク照明、換気パイプを備えたトンネル内を鉄道馬車が往復する計画が提案され、ナポレオンも強い関心を示したと言われています。

1981年、イギリスのサッチャー首相とフランスのミッテラン大統領が調査を再開することに合意し、英仏合併のユーロトンネル社が1987年から掘削し、91年にトンネルが貫通しました。

トンネルの掘削工事はシールド工法で行われ、英国側6台とフランス側5台の掘削機が使用されました。フランス側の地質は、断層と高圧湧水帯が多いので、イギリス側の開放型の掘削機と異なり、日本で開発されて発達した土圧式（掘削土を機械の先端に充満させ土水圧に抵抗させながら掘削する方法）の掘削機が採用され、活躍しました。フランス側5台のシールドマシンのうち4台が日本製でした。掘削機の寸法は外径7・78m、長さ13・745m、重量1200tで、掘進速度は計画時の500m／月に対し、平均で650m／月強、最大速度で1178m／月の実績を誇り、当初計画ではフランス側担当の掘進距離は16kmであったものを、さらに4km延長し20kmとなりました。この工事を請け負ったのは英仏の大手建設会社5社で構成されるTMCという組織です。

このプロジェクトは、国際銀行団を形成して資金調達を行っており、日本からも39銀行が参加しています。また、技術面では優れた掘削機の提供だけでなく、青函トンネルの経験を高く買われ、日本の技術者が国際銀行団への顧問として技術的なアドバイスも行いました。トンネルの完成により、列車ユーロスターでロンドン―パリ間が3時間で結ばれました。

要点BOX

- ●1753年からの念願実現
- ●シールドマシンで高速施工
- ●日本のマシンも大活躍

アルベール・マテューが構想した英仏海峡トンネル

アルベール・マテューが、1802年にナポレオン一世に提出したトンネル案

英仏海峡トンネルの地質縦断図（概略）

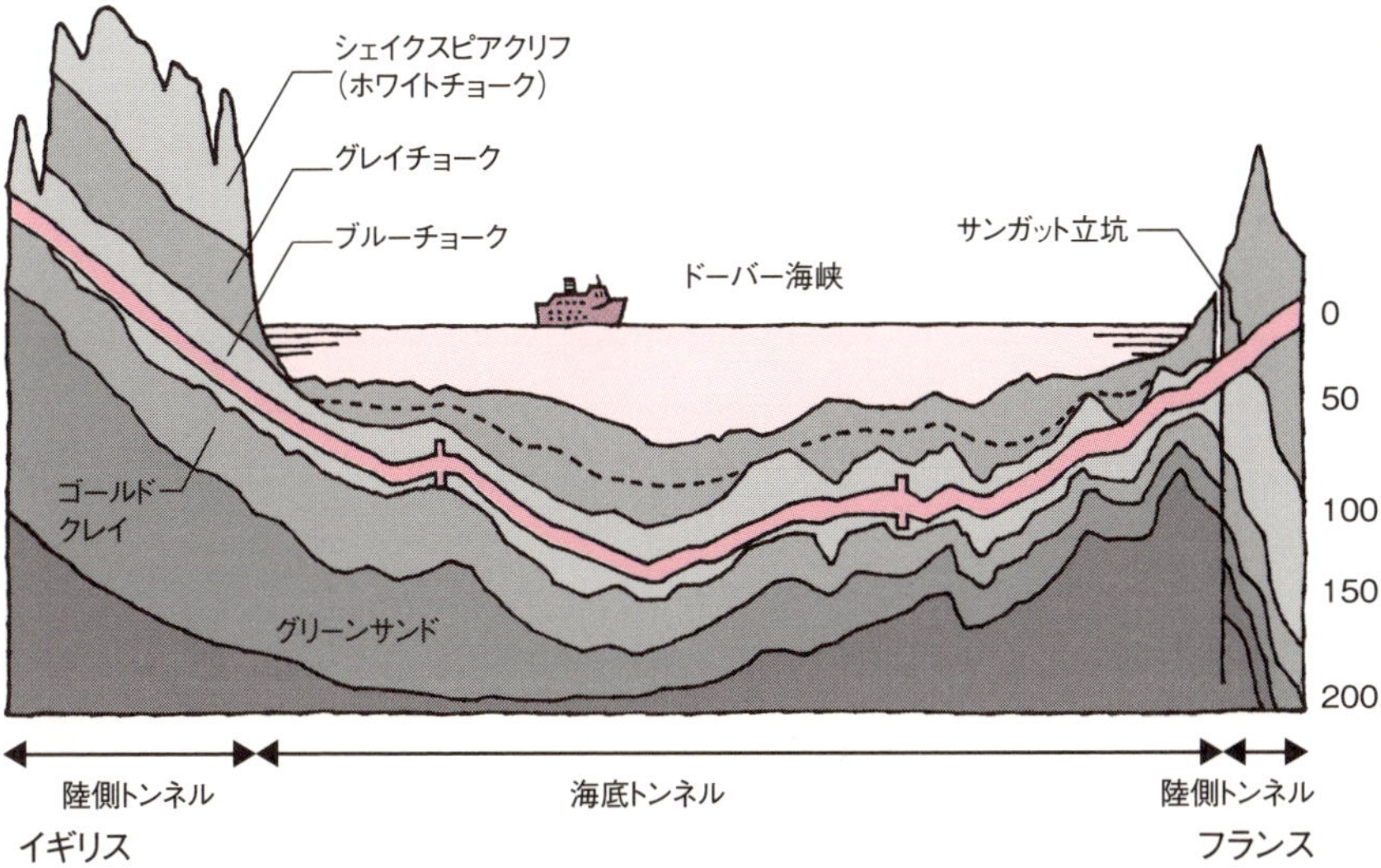

Column

スキューバックの役目

トンネルは丸いドーナツを半分にしたような形が多く、これをアーチ形と言います。トンネルの上下左右が山（土・砂）なので、まわりから常に力が加えられています。トンネルは丸い方がじょうぶです。丸いと上から穴にかかる圧力がトンネルの壁全体に均等に伝え分けられるからです。上の図はトンネルの構造と各部名称を示します。

地質が良好な場合、トンネルにかかる外圧（外力）は、上方向からが主体となります。そのため、それに耐えうるだけの形として、完全なリング（環）状とはしません。理由は建設に要する費用が増大してしまうからです。地質の状態や、建設工事費などとのバランスも考慮しなければならないのです。

図　トンネルの構造と各部名称

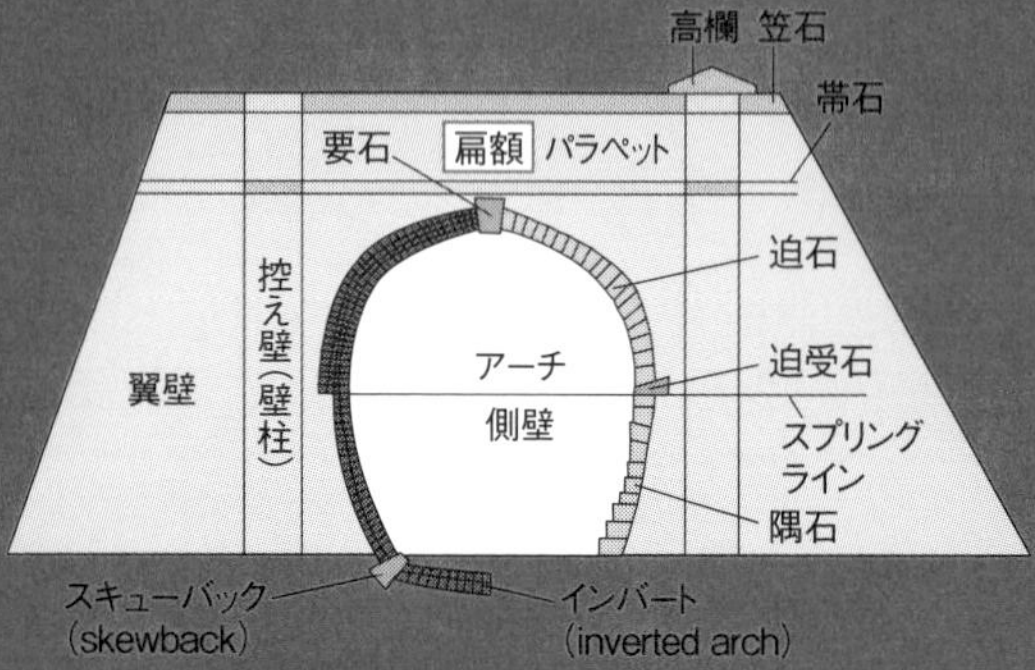

出展：『橋とトンネルに秘められた日本の土木』（三浦基弘監修 実業之日本社）より

良好な地質（インバートなし）と不良な地質（インバートあり）

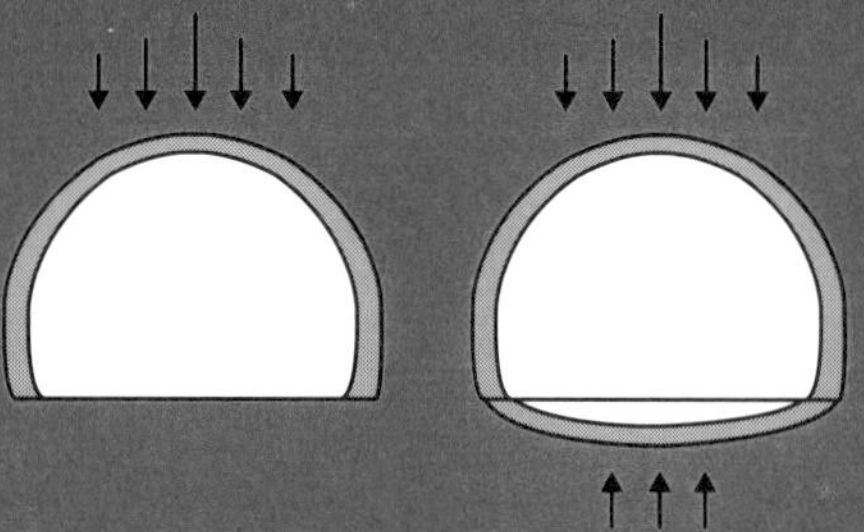

地質が不良な場所では、トンネルの造り方が異なります。不良地質では往々に、トンネルにかかる外圧（外力）は、下（底部）からもかかるのです。そのため、若干費用を要しますが、それに耐えうるべくリング状とするのです。つまり、トンネル両側の側壁基部の間を、つまりトンネル底面を逆アーチで結合します。この部分を「インバート」と呼び、たいていはコンクリートが用いられます。スキューバック(skewback)は、上からの荷重と側方からの荷重を受け、インバートに向けて伝える役目をします。

インバートは、インバーテッド・アーチ（inverted arch）のことです。インバートは逆という意味。この逆アーチに仕上げられた覆工部分を指します。地質の状況により、コンクリートの厚みを変え、鉄筋を挿入して補強したりもします。覆工コンクリートを閉合断面として耐力を増加させ、沈下・変状を防止するのが目的です。

第3章

トンネルはどのように通す？

23 トンネルに必要な力学入門

地盤に掘った孔に発生する力はどうなっている?

トンネルを掘る前の地盤や山は基本的には地球の重力に支配されているので、自然状態では圧縮力を受けています。圧縮力は山が高いほどあるいは地盤が深いほど大きいと考えられます。これを場の応力と言います。場の応力は地盤の高さに地盤の単位体積重量をかけたものと言い換えることができます。

では、そのような場の応力に支配されている地盤や山にトンネルを掘ると、トンネルにはどのような力（応力）が作用するのでしょうか。

トンネルは地盤あるいは山の中に設けられた円筒状の空間と考えることができます。ここでは、四方を同じ場の応力p_0に支配されているトンネルを対象としトンネルを横断面で切って考えます。また、トンネルを円形に単純化し、さらに地盤や山は正方形に切り出して考えることにしましょう（**上図**）。ここで連続体力学と呼ばれる学問を使います。これによりトンネルに作用する力のおおよその様子がわかります。また、この連続体の性質は最も簡単な弾性体と仮定します。弾性体とは極々簡単に言ってしまうとゴムみたいなものです。圧縮したり引っ張ったりしても元に戻る性質を言います。この弾性体内にある円孔を考えることにします。

下図左のように、トンネル中心からの距離をr、トンネル中心を通り水平とのなす角を反時計回りにθとします。トンネル周辺の微小要素を切り出すとその要素には半径方向応力σ_rとそれに直交する接線方向応力σ_θが作用します。この微小要素にかかる力のつり合い式などの難しい関係式をとくと、**下図右**のようにトンネル壁面から山の内部の力（正確には応力）がどのように変化しているのかがわかります。トンネル半径方向の力はトンネル壁面ではもちろんゼロですが、山の奥の方に行くにしたがって場の応力に次第に近づくことが分かります。一方、接線方向の力は、場の応力のなんと2倍もの圧縮力を受けているのです。

要点BOX

- ●場の応力
- ●連続体の力学
- ●トンネル周辺応力は接線方向応力が重要

場の応力を考える

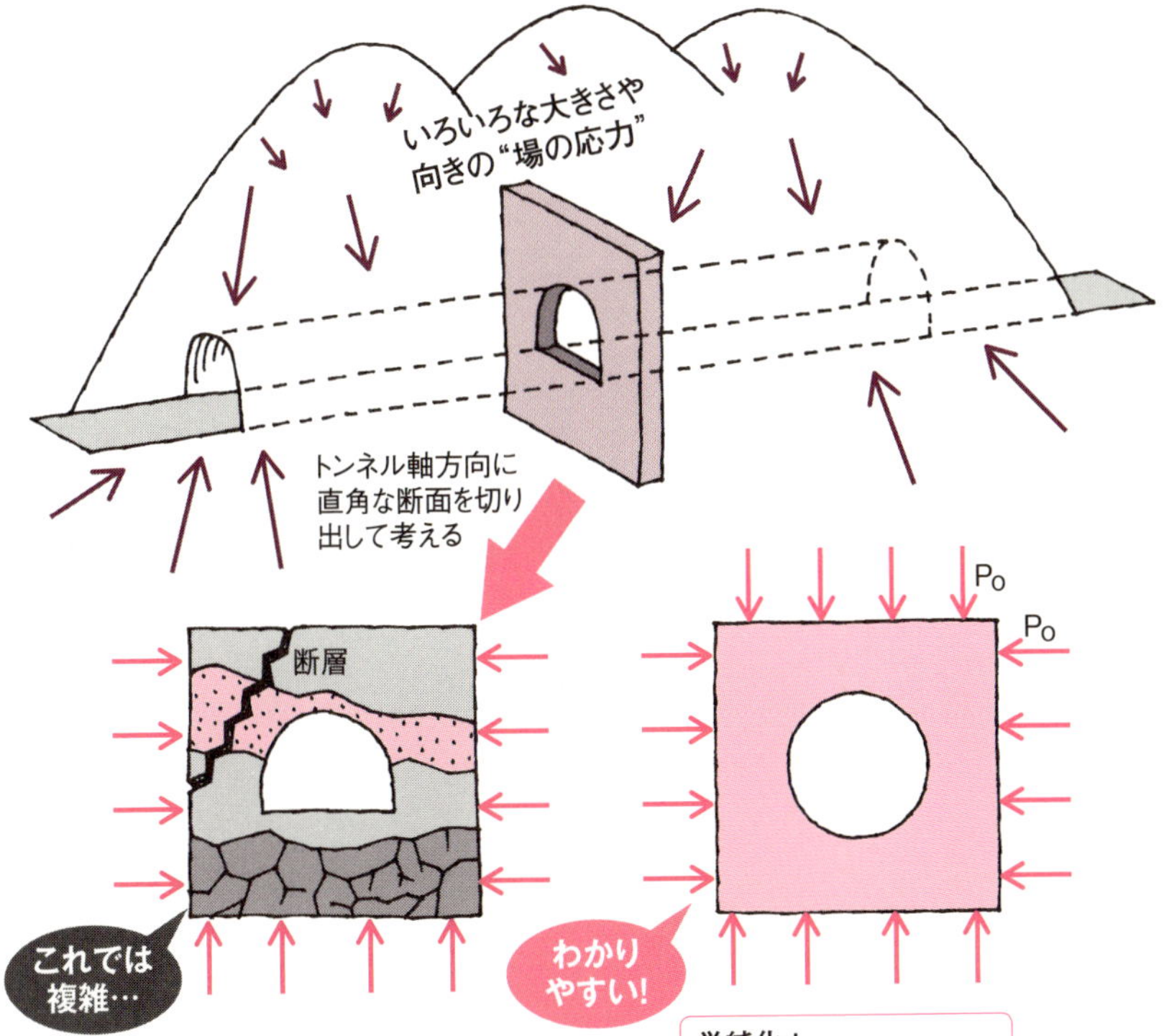

単純化！
- トンネルは円形に
- 山の性質は単一
- 場の応力はすべてPo

トンネル壁面およびその周辺の応力分布

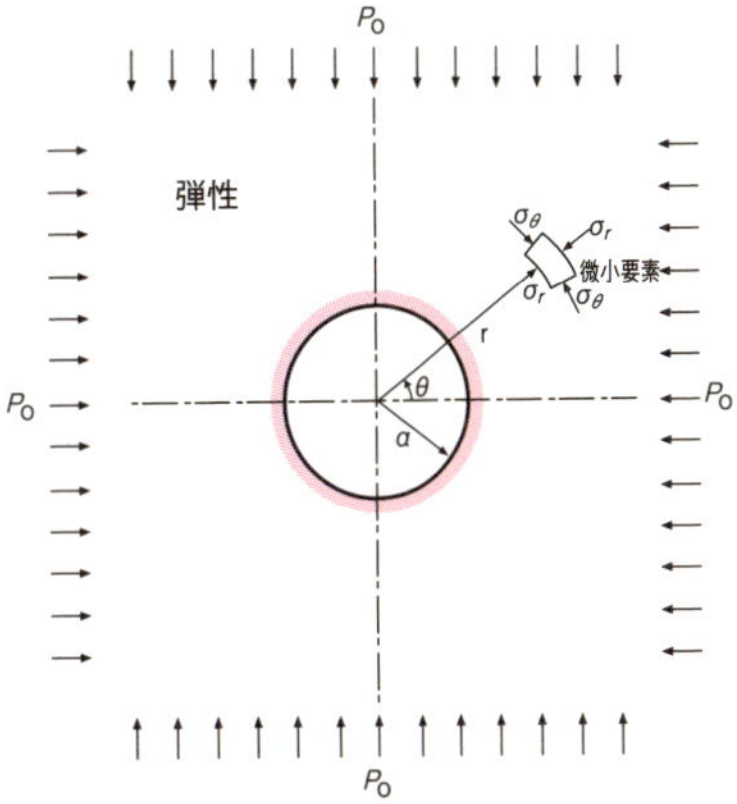

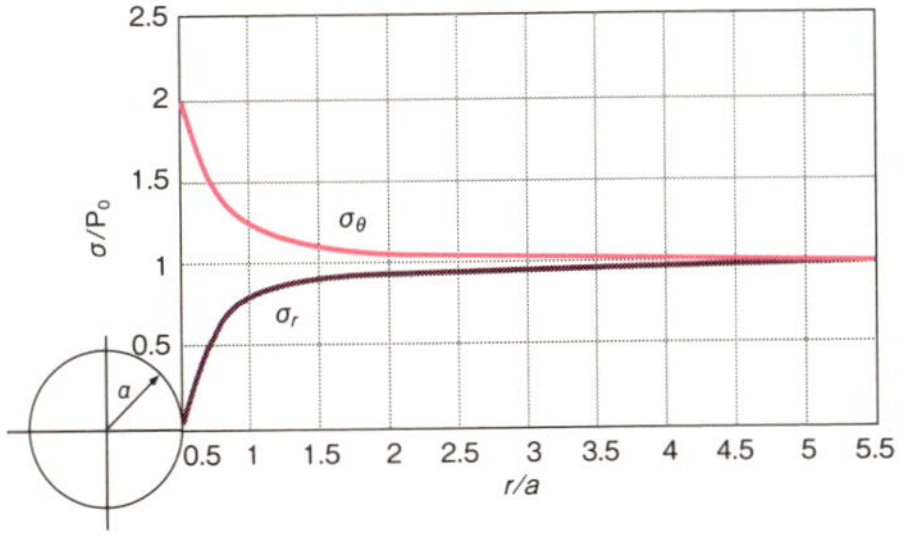

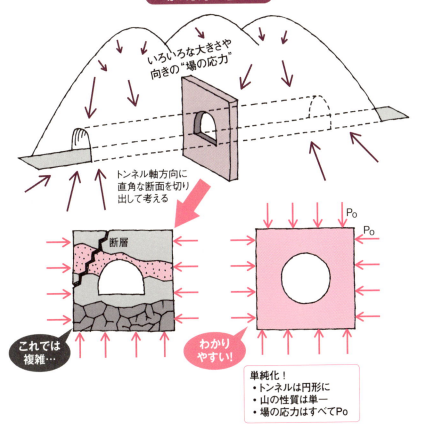

24 トンネルの周りの地盤の強さ①

地盤を構成する土の種類と砂の強度

地盤を構成する土自身様々な大きさの粒子から構成されています。直径にして1μm以下から握り拳大の75mmまでが土の粒子（土粒子）と定められていて、それより大きいものは岩石として扱われます。土は大きく分けて砂と粘土があり、砂の粒径は74μm～2mmまで、粘土の粒径はさらに小さく数μm以下の粒子です。

次に砂の強さ（強度）についてです。砂粒子は重力作用による粒子間の摩擦力や粒子どうしのかみ合いが砂の強度を支配します。例えば、乾いた砂をテーブルの上に盛っていくと、粒子の重さと隣接する粒子との間に働く摩擦力との力のつり合い関係によってバランスを保ちます。さらに大きな角度に盛ろうとすると、砂はそのバランスを保つことができず、突然崩れてもとの角度で安定します。このように、砂を盛ることができる角度には限界があり、限界に達した時の砂山の斜面角度を砂の安息角と言います。これは砂粒子表面の摩擦角と粒子のかみ合わせなどによる影響を含む総合的な摩擦角であるとされ、砂の強度を決める重要な因子の一つです。

砂の中に適度に水を与えると、粒子と粒子の間には水の表面張力によって摩擦力以外の新しい力、すなわち砂粒子を互いに引き付けようとする力である見かけ上の粘着力が生じ、安息角以上の傾きを持つ山を築けます。ただし、水の量が多すぎると表面張力が減少して流動しやすくなり逆に安息角以下の山になります。極端な場合には水同様となってしまいます。したがって、含まれる水分量にも限界があることがわかります。これを最適含水比と言い、水分量を少しずつ増やしていって砂自体の密度が最大となる時の含水比（水の重量／砂の重量）を用いて示します。一般的には、最適含水比状態にある時の土がもっとも強度が高く、外からの力による変形を起こしにくいことから、構造物の基礎固めや堤防などの土構造物などの建設にもこの性質を利用しています。

要点BOX
- ●土（砂、粘土）と岩石の違い
- ●砂の強度
- ●安息角と最適含水比

土をつくる粒子の区分

粒径(mm)									
0.005	0.075	0.25	0.85	2	4.75	19	75	300	
粘土	シルト	細砂	中砂	粗砂	細礫	中礫	粗礫	粗石(コブル)	巨石(ボルダー)
			砂			礫		石	
細粒分				粗粒分				石分	

砂における見かけの粘着力

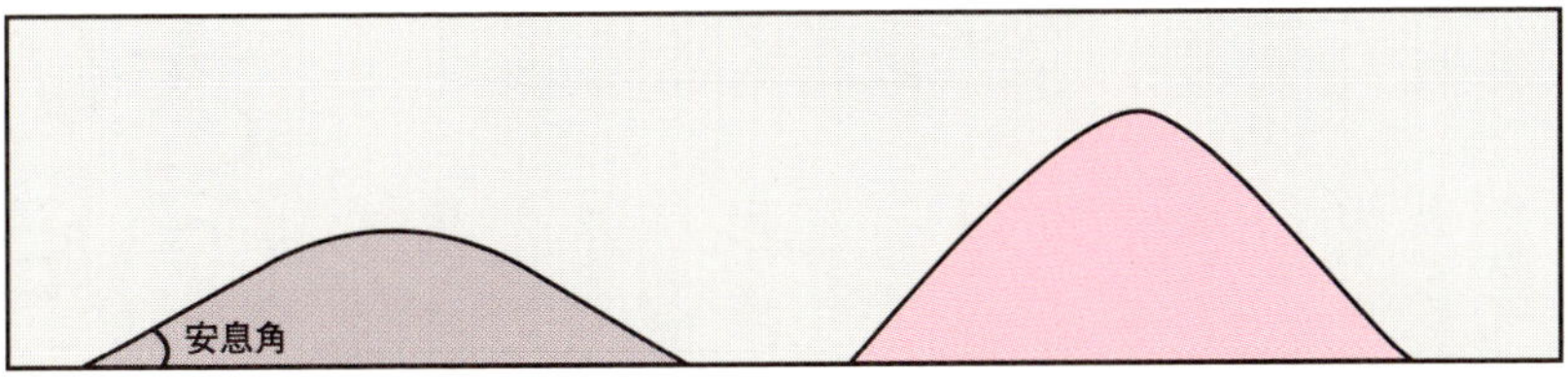

(a)乾燥した砂　(b)適度に湿った砂

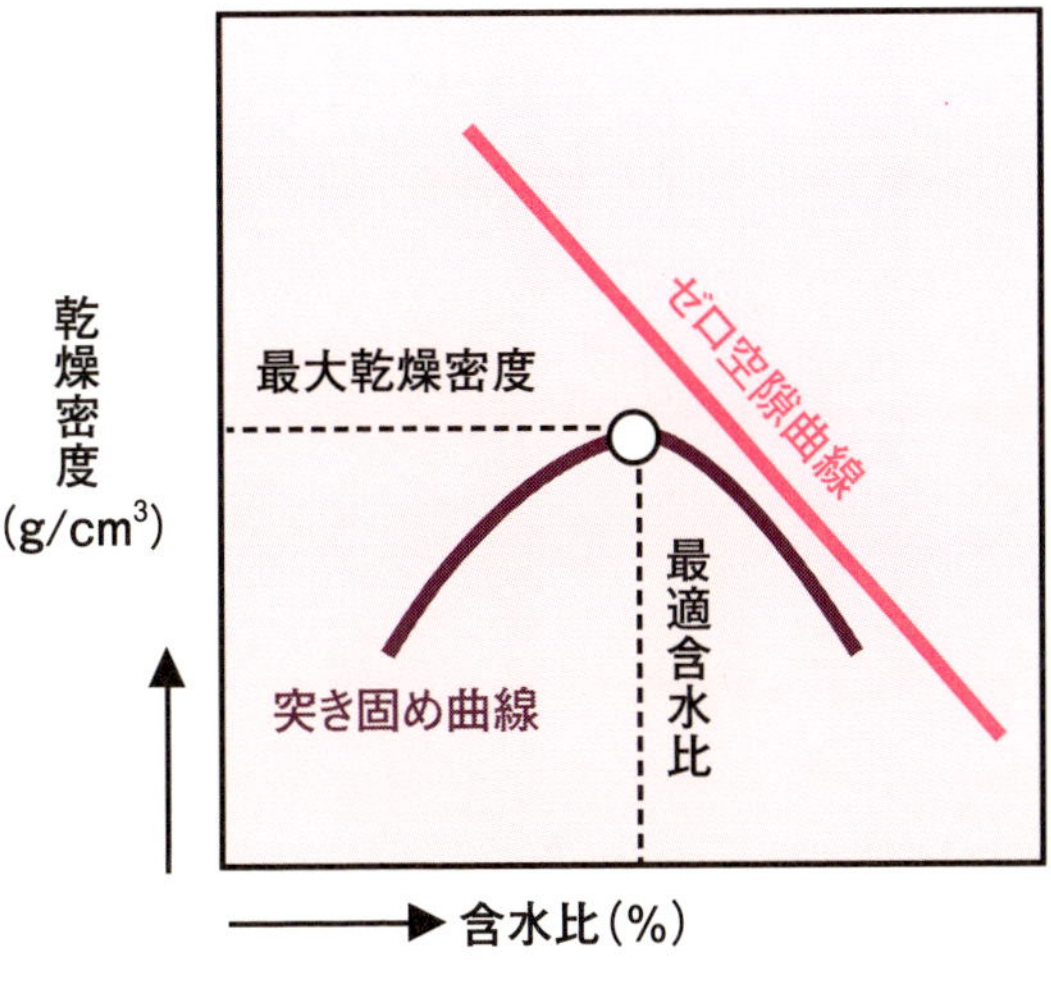

最適含水比は、土が最もよく締め固まる水の量です。この最適含水比で締め固められた土は力学的に最も安定した状態にあると言えます。

25 トンネルの周りの地盤の強さ②

粘土の強度とグラウンドアーチ

一方、粘土の強度はどうでしょうか? 24の通り、粘土粒子は砂粒子よりも小さく肉眼ではとても見えません。粒子は小さくなるほど単位重さあたりの表面積(=比表面積)が大きくなりますが、粘土粒子は重量がきわめて軽いことと、比表面積が砂粒子のそれよりも圧倒的に大きいことから、重力に起因する摩擦力ではなく粒子表面に働く電気的な引力や化学的な相互作用力といった力が強度に関して支配的となります。これらを総称して粘着力と呼んでいます。粘土ではこの粘着力が強度を決定する重要な因子となるわけです。

カオリナイトと呼ばれる粘土鉱物の一種は比表面積が10〜20m^2/gです。1円玉と同じ重さの粘土でその表面積がたたみ14畳分にもなります。

さて、山の中にトンネルを掘った時、周りの山や地盤はどのように振る舞い、強度を発揮するのかを説明しましょう。

山の中にトンネルを掘っても、トンネル上の土の重量が全てトンネルに作用するのではありません。アーチ橋や太鼓橋の原理と同じように、土の重量分の圧力はトンネルを避けるように、トンネル側方の土を伝わって下方の土に伝達されます。この原理をアーチ作用と呼んでいます。またアーチ作用によってトンネル周辺にできた圧縮領域をグラウンドアーチと言います。この作用は砂などのように摩擦力が支配的な材料で顕著に現れる現象です。しかし、山の高さが低いとアーチ作用を発揮させるのに必要な土がそれだけ少なくなるために、グラウンドアーチが形成されずに崩壊することもあります。

トンネル周辺の山や地盤の条件、トンネルそのものの大きさなどによっても異なりますが、ある時間経過すると一般にトンネルは崩壊します。それを防ぐために、実際のトンネルでは、アーチ作用を堅持する目的で、コンクリートや鋼材などで保護しています。

要点BOX

- ●粘土の強度は粘着力が支配
- ●トンネルを守るのはグラウンドアーチ
- ●グラウンドアーチは条件によって形成されないことも

角砂糖の表面積

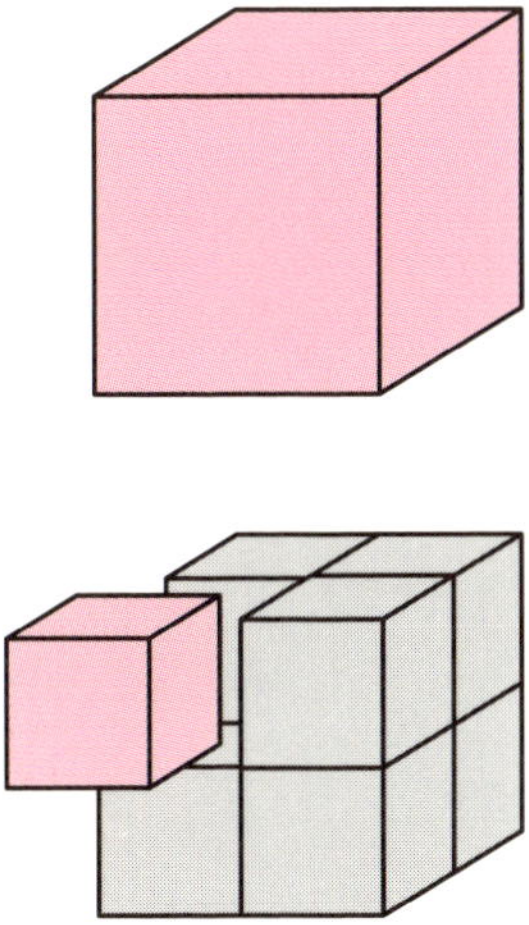

1辺1cmの角砂糖の表面積は、
1cm × 1cm × 6面 = 6cm^2

▼

この角砂糖を8等分する

▼

1辺0.5cmの角砂糖が8個になるで
0.5cm × 0.5cm × 6面 × 8個 = 12cm^2
もとの角砂糖の2倍の表面積に

▼

粘土粒子くらいまで分割すると
1辺1ミクロン（10^{-4}cm）の立方体が
10^{12}個できるので、なんとその表面積
60,000cm^2！
もとの角砂糖の10,000倍の表面積に！

グラウンドアーチの形成

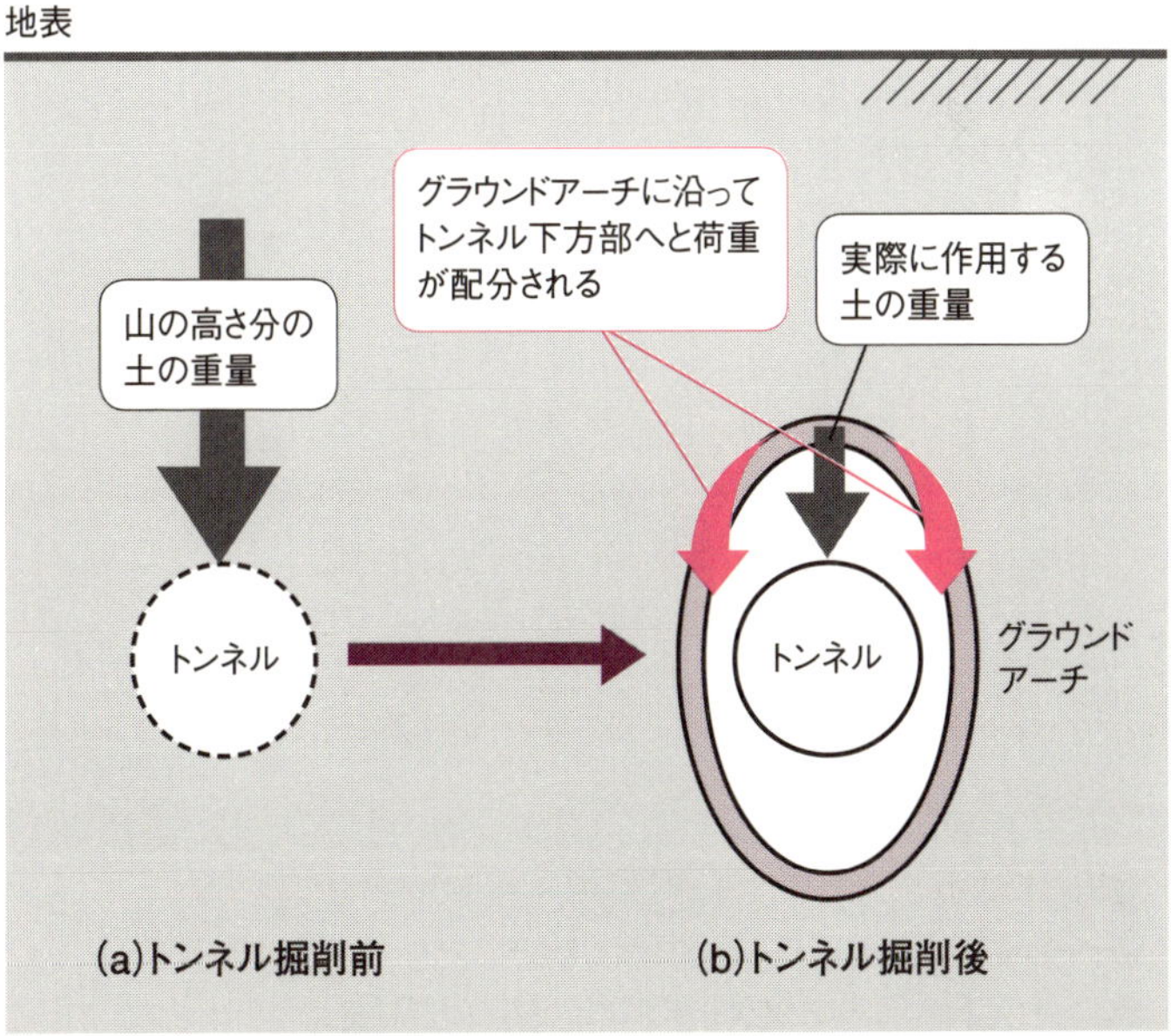

26 鉄筋コンクリートの基礎知識

専門用語の意味から性質を考える

現在の建造物で欠かすことのできない人造石の一つはコンクリート。コンクリート（concrete）の語源は、con+ creteで、「一緒に強くなる」という意味です。コンクリートはセメント、砂利、砂、水の４種類を混ぜて作ります。砂利を除いた３種類で混ぜるとモルタルになります。砂と砂利のことを骨材と言い、砂のことを細骨材、砂利のことを粗骨材と言います。

コンクリート部材は圧縮に強く、引張に弱い性質があります。そのため、部材の引張力が働くところに、引張に強い鉄筋を入れ、コンクリートを補強するのです。

鉄筋コンクリートは学術・専門用語でreinforced concrete。reinforcedは「補強された」という意味で「鉄筋」という意味ではありません。reinforcedの発音を正しくできる人は意外に少ないのです。理由があってreinは「レイン」と発音します。余談ですがrain、rein、reignは、それぞれ「雨」、「手綱」、「統治」の意味で、しかも３語とも同じ発音で「レイン」。つまり同音異義語なのです。そういうわけでreinforced　は「レインフォースト」と発音しやすいのです。正確には「リーンフォースト」と発音します。

鉄筋コンクリートを意味する英語はあと二つあります。一つはarmored concrete 。armor は「甲冑」という意味です。reinforced concreteの昔風の呼び方です。もう一つはferroconcrete 。ferro はラテン語で「鉄」という意味です。直訳すると鉄筋コンクリートになります。あるトンネル工学関係の国際会議で、通訳の方がreinforced concrete のことを「補強されたコンクリート」と訳しました。専門用語の訳語については事前に、打ち合わせをしたいものです。

鉄筋コンクリートの語を初めて使ったのは廣井勇《いさみ》で、「工學会誌」（1903年）に発表した論文。その後、この語は適当ではないとし、補強コンクリートなどに改めるべきという議論が続きましたが、結局この語に落ち着きました。

要点BOX

- ●セメント、砂利、砂、水の4種類を混ぜて作る
- ●con+ creteで「一緒に強くなる」という意味
- ●reinforcedは「補強された」という意味

コンクリートとモルタル

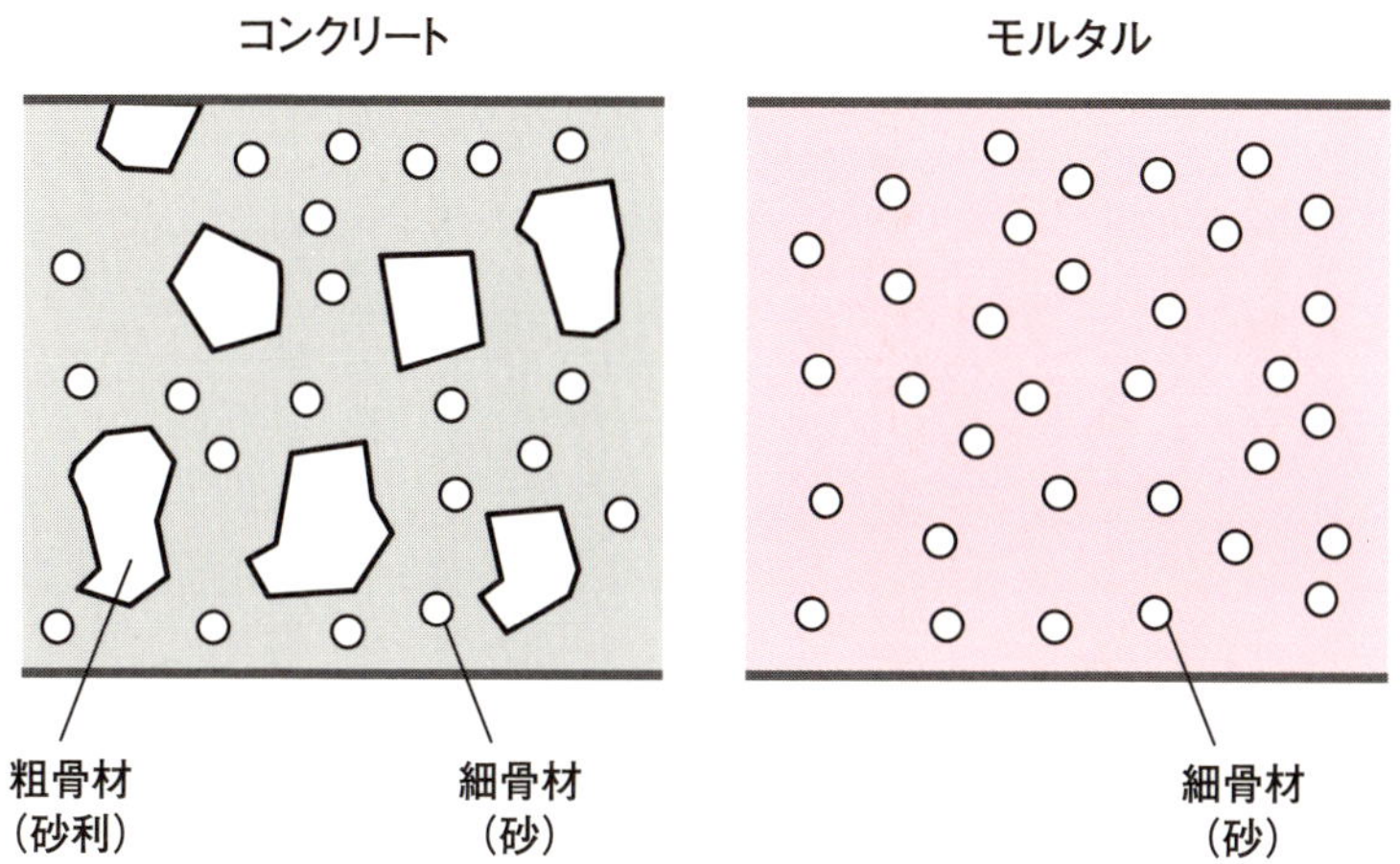

鉄筋コンクリートの特長

圧縮にも引張りにも強い鉄筋コンクリート

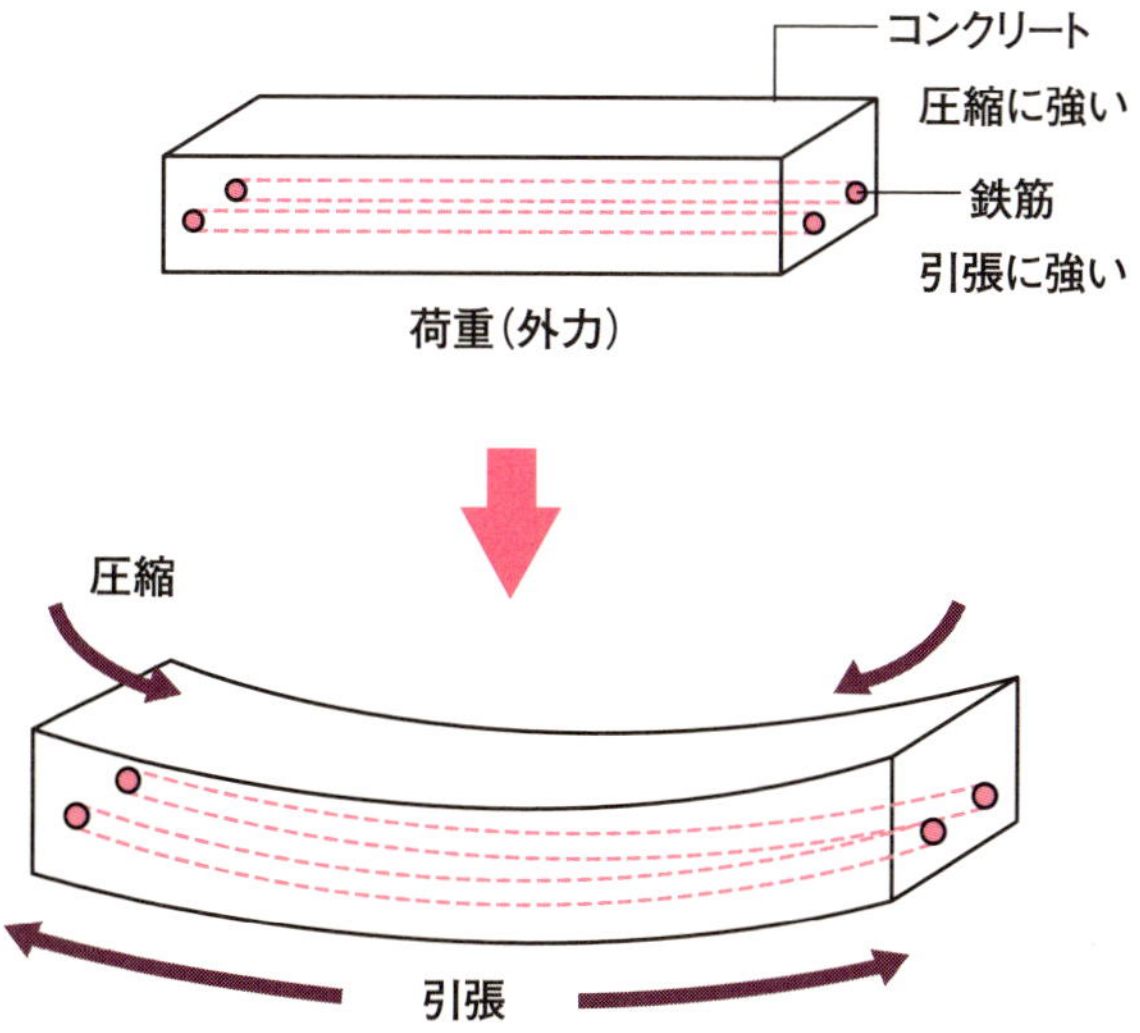

27 トンネルに働く力

土圧と水圧

場の応力はトンネル掘削前の山や地盤内に存在するもので、初期応力や初期地圧などと呼びます。これに対しトンネルを掘削した後に変化する地盤内の応力や地圧を2次応力や2次地圧と呼びます。

都市部あるいは平野部における地盤は、鉛直方向には地盤の高さに地盤の単位体積重量（土の自重分）をかけた場の応力が作用します。これに対し水平方向の場の応力は鉛直方向の場の応力のだいたい0.5〜1.0倍の範囲です。したがって、都市部で建設されることの多いシールドトンネルの設計では、土の圧力（土圧）として鉛直方向（鉛直土圧）と水平方向の場の応力（水平土圧）を考えることが基本です。

一方、山岳部での場の応力は、山の形状や地殻変動による褶曲作用の影響を受けるので、都市部や平野部での場の応力のように単純には計算できません。水平方向の場の応力も時には鉛直方向の1.0倍を超えることもあります。また、山岳トンネルでは土被りが数百mにも達することもあるため、単純に場の応力だけを考えるとコンクリートや鋼材では支えられません。したがって、掘削後、つまりグランドアーチ形成後の応力（2次応力）を考慮することによってトンネルの安定性に対して考えることが基本となります。2次応力を考えると、もともとあった1次応力がトンネル周辺に配分されトンネルそのものに作用する2次応力がかなり小さくなります。また、山岳部の方が一般的に硬いので、平野部に比べると設計上有利に働きます。

他にも考慮すべき圧力として水圧があります。水圧の大きさは基本的に地下水位の高さに依存します。したがって、大深度や大水深、あるいは地下水位の高いところにトンネルを建設する際にはとても重要です。施工中はトンネル内に水を引き込んだり、地下水位を下げたりしてトンネルに作用する水圧を低くします。しかし、地下水位を下げられない条件では、トンネル施工法やトンネルの構造自体を工夫して対応します。

要点BOX

- ●都市部では鉛直土圧と水平土圧を考慮
- ●山岳部では掘削後の2次応力を考慮
- ●水圧を考慮することも重要

トンネルに作用する鉛直土圧と水平土圧

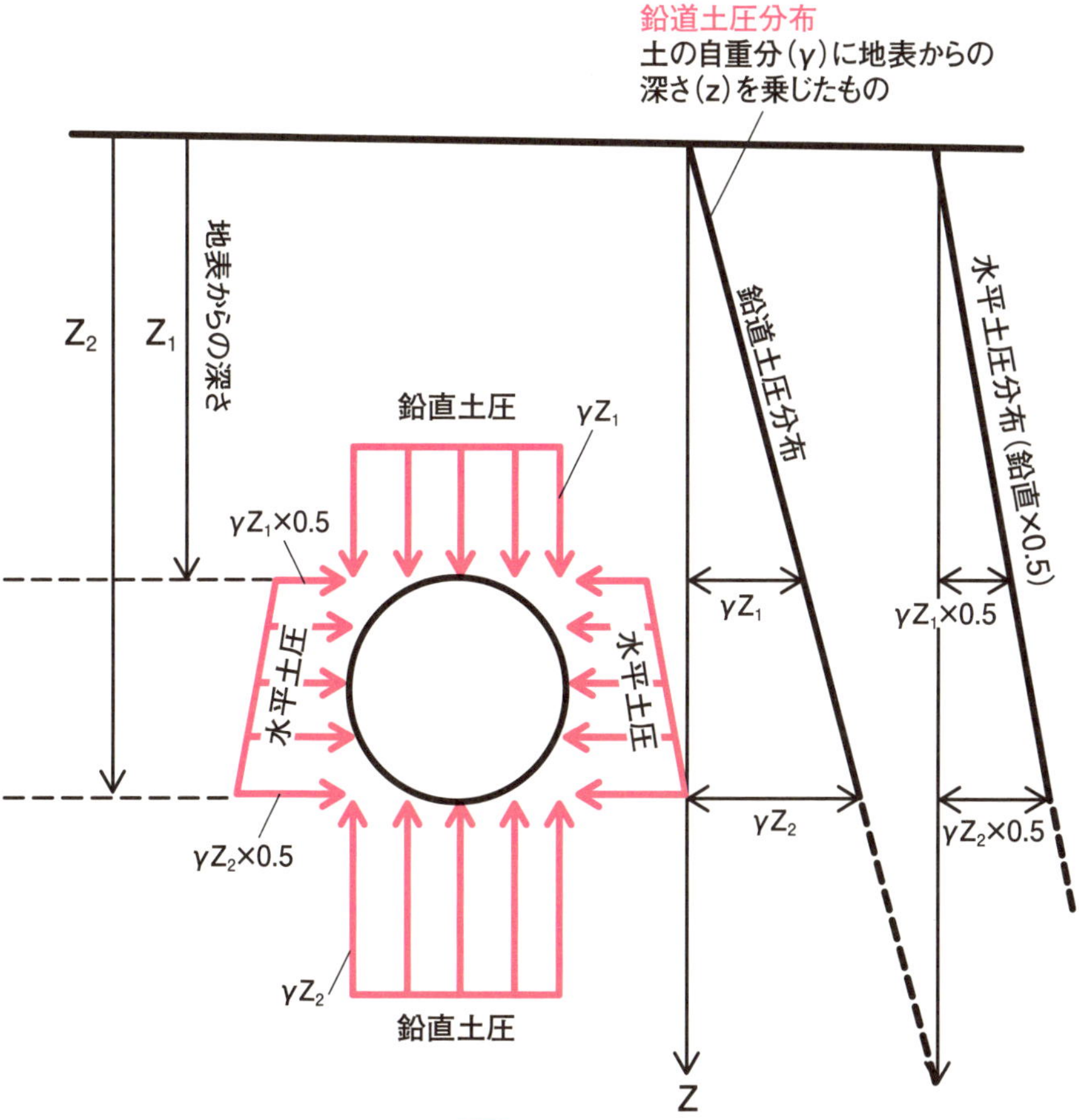

28 トンネルの形と力学

円形トンネルが丈夫な理由

トンネルの形は円形（丸）が多く、四角（矩形）が少しあるかなという印象をお持ちかもしれません。なぜ形が違うのかについて力学的に見てみましょう。ではまず、丸いトンネルの上半分つまりアーチ部分を考えてみます。

アーチは支持している支点で水平方向の移動が制限されています。このことから、アーチに作用する力を曲線に沿った力（軸力と言います）で受け持って支点に力を伝達させます。このときのアーチの軸力は圧縮力であり、材料として圧縮力に強い岩石やコンクリートが有利です。また、引張力が作用しないので各々の部材同士が付着していなくても、部材同士がせり持って圧縮力を伝達します。

一方、四角いトンネルの直線部材となる梁や壁は、外から力が加わるとたわんで曲がろうとします。この曲がろうとする力（曲げモーメント）により梁や壁の内側では引張、外側では圧縮の力が働きます。梁や壁が持っている強さの限界（強度）以内ならば壊れません。

整理しますと円形のトンネルの外側から均等に圧力をかけると、どこも圧縮力が作用し曲げモーメントは作用しません。一方、トンネルが四角形の場合はそうはいきません。天井部分は直線で梁構造となっているため、周りから均等に圧力をかけたとしても、例えば天井は内空側にたわんで、曲げモーメントが作用します。壁も同様ですから、天井と壁の角部（隅角部）では力を伝達し合い、かつ変形が拘束されているので、大きな曲げモーメントが発生します。

トンネルに用いられるコンクリートは、圧縮に強い材料です。大きな曲げモーメントが作用する形では、コンクリートを厚くしたり、鉄筋などの引張材を引張力が作用するところに配置しなければなりません。一方、圧縮力だけが作用する場合では、圧縮力に強いコンクリートの部材厚を薄くすることができます。円形は力学上、圧縮力が作用する構造になっているので、丈夫で安全な形状と言えます。

要点BOX

- トンネルにはどんな力が生じる?
- コンクリートは圧縮には強く引張には弱い
- 引張が生じる部分は補強する

円形と四角形の力学的な違い

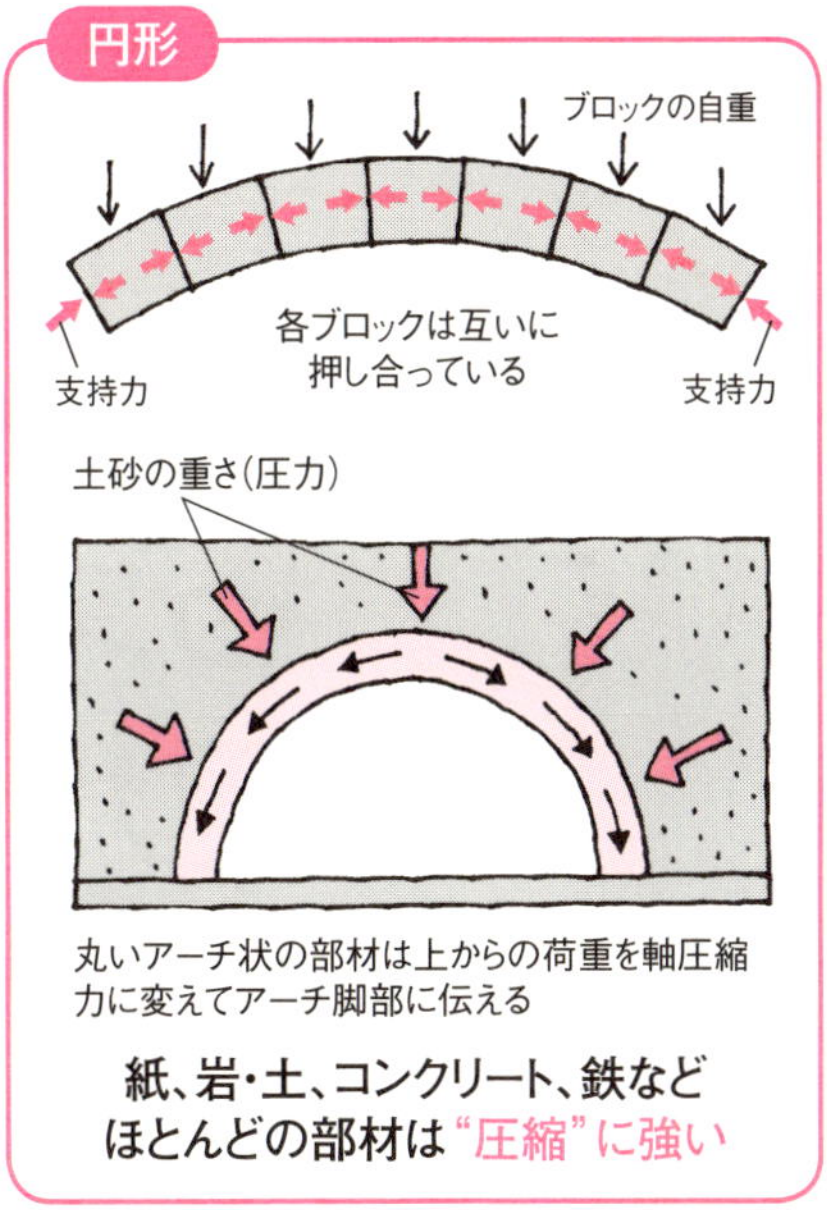

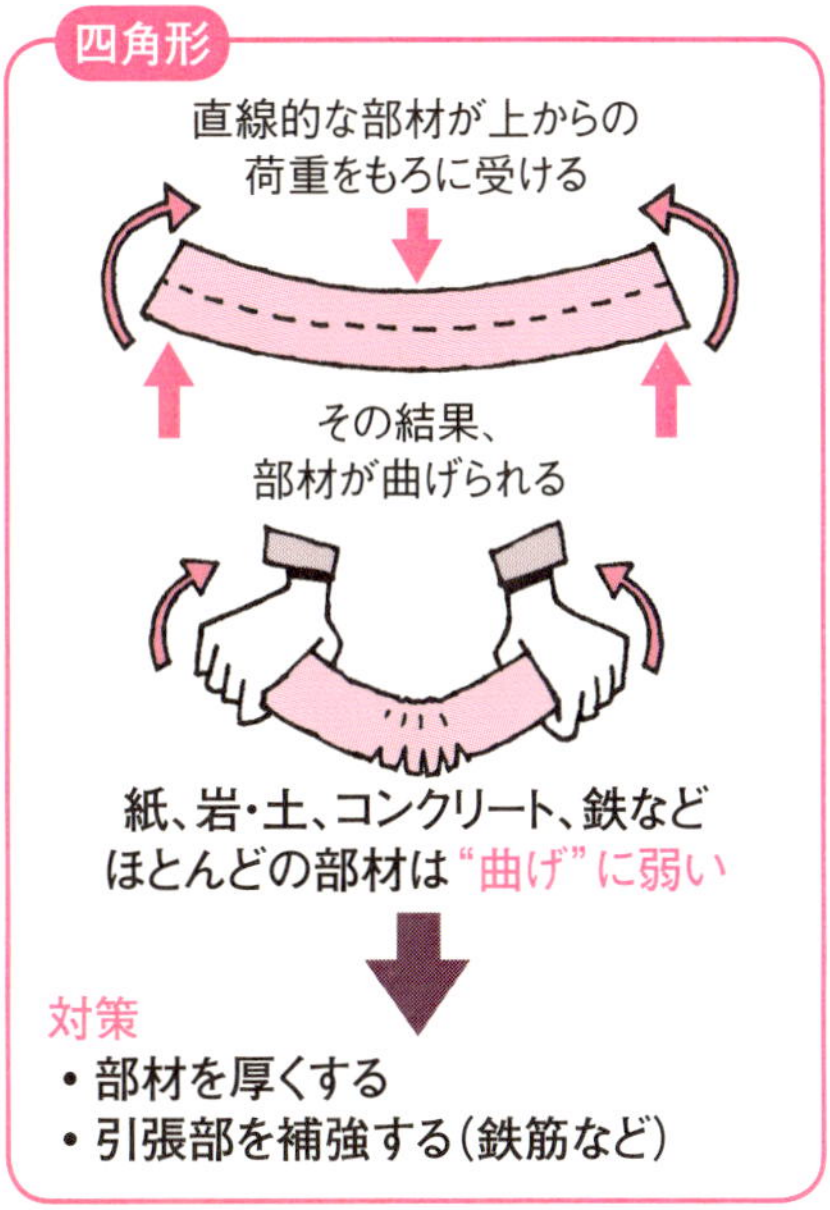

トンネル内の建築限界

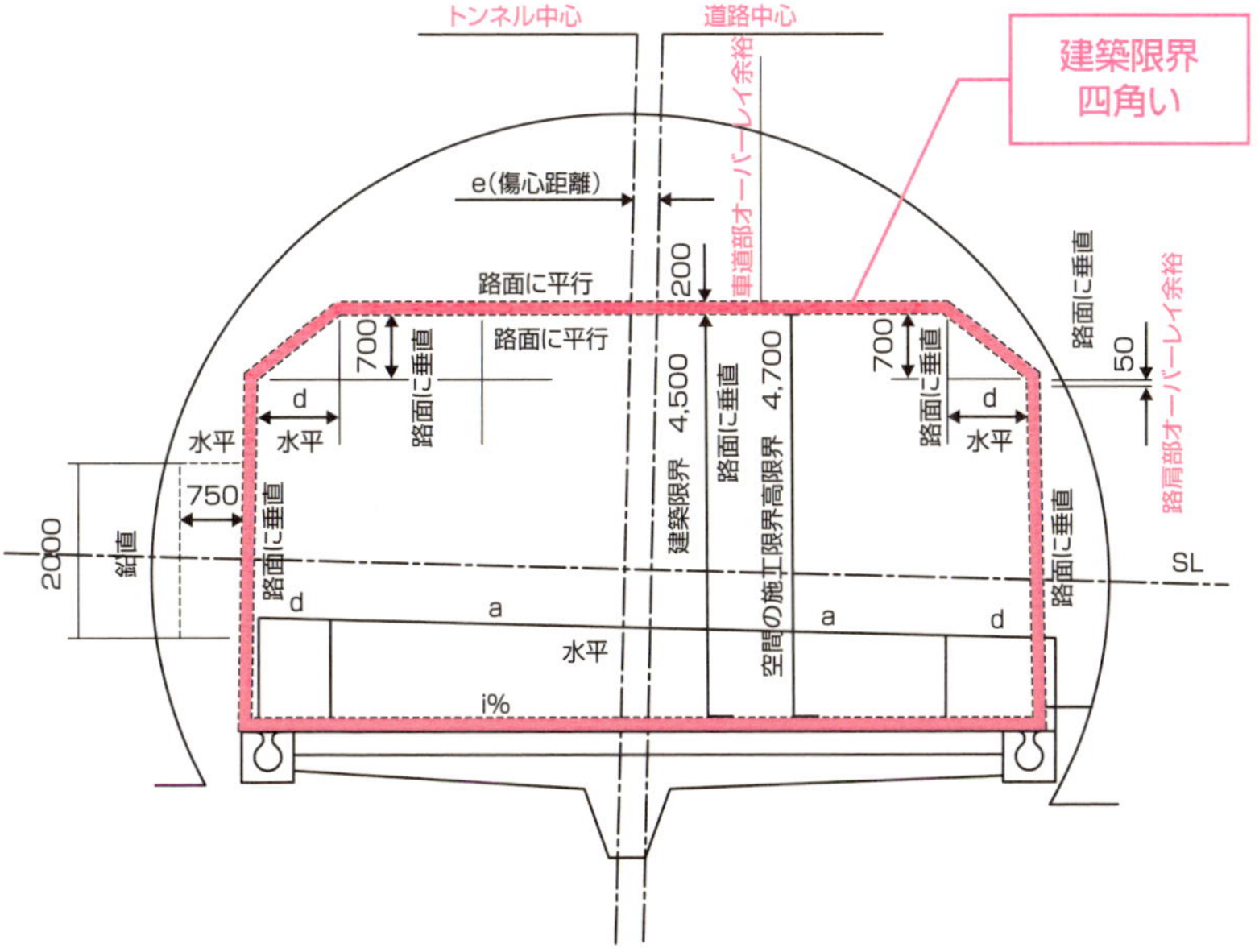

29 トンネルの形はどうやって決まる？

四角形トンネルの優位性

円形は面積が同じ他の形と比較すると、最も周長が短い形状となります。トンネルで言えば、必要な内空面積を確保するのにトンネルの周長が一番少ない形状です。つまり、トンネルを構築するためのコンクリート量が少なくすみます。例えば、100平方mの面積を確保するには、正方形では一辺10mで周長40mとなりますが、円形では直径11・284m×周長35・45mで、13・75%も短くなります。

このように、円形は必要な内側の面積（内空面積）を確保するのに最も経済的な形状と言えます。

一方、道路、鉄道あるいは共同溝におけるトンネルの機能上、必要な形状は一般に断面が四角形です。機能上というのは、人や車などの移動のしやすさや施設の管理のしやすさといったものが含まれます。例えば、28の図で示したように道路では機能上のスペースを考えて建築限界が設けられ、その内部にいかなる施設も造ってはいけません。

仮に、建築限界を含むように円形トンネルを掘った場合、建築限界とトンネルとの間に余分な空間が生じます。この空間は元々は山や地盤だったわけですから、その部分を掘る手間や掘ったあとの土（ずり）の処理の費用がかかります。したがって、建築限界ギリギリに造った四角いトンネルは経済的に有利な場合が多くなります。

またトンネル用地に余裕がない場合や多種多様な社会のニーズにより、円形以外の様々な形のトンネルも造られるようになりました。上の図のように様々な形で作られています。様々な要求に応えるような形で、トンネル技術が進展し、様々な形のトンネルが多く施工されるようになっています。

トンネル形状は円形を基本としますが、これから先、社会のニーズに応じて想像もできないような形のトンネルが色々とお目見えすることでしょう。

要点BOX

- ●人、車、電車には四角形が機能的に有利
- ●道路や鉄道には建築限界が設けられている
- ●想像以上に色々な形のトンネルがある

様々なトンネルの断面

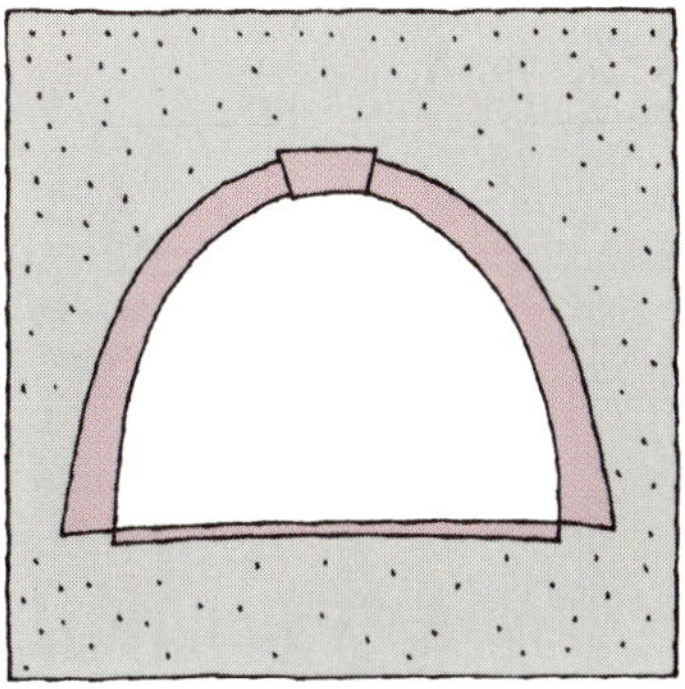

三国トンネル

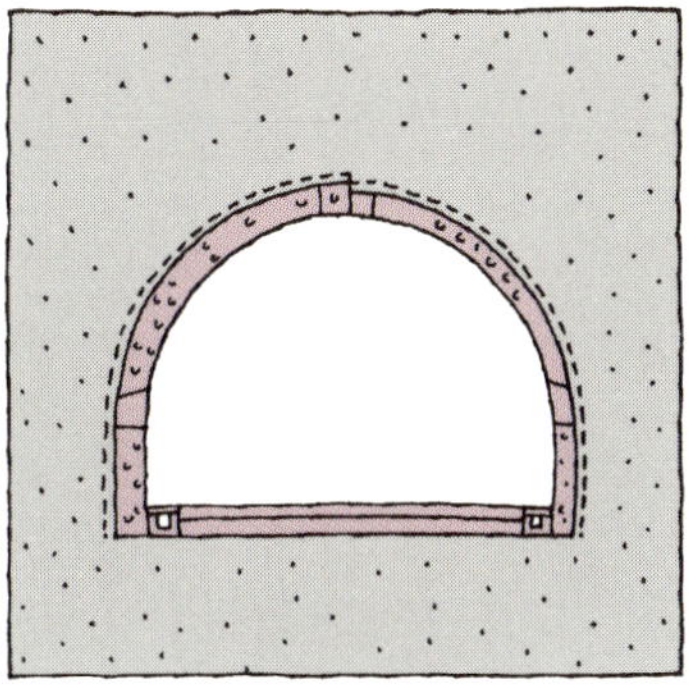

尾鷲トンネル

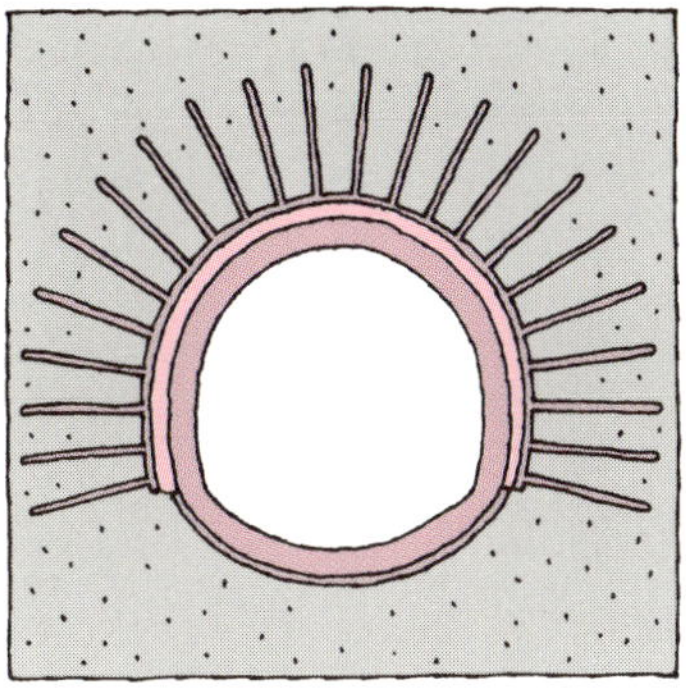

新榎木トンネル

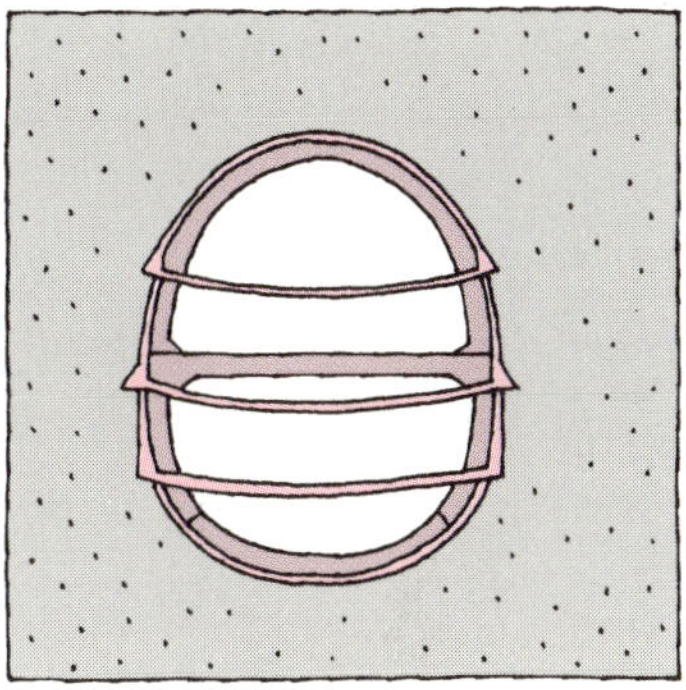

青梅トンネル

四角い断面のトンネル例

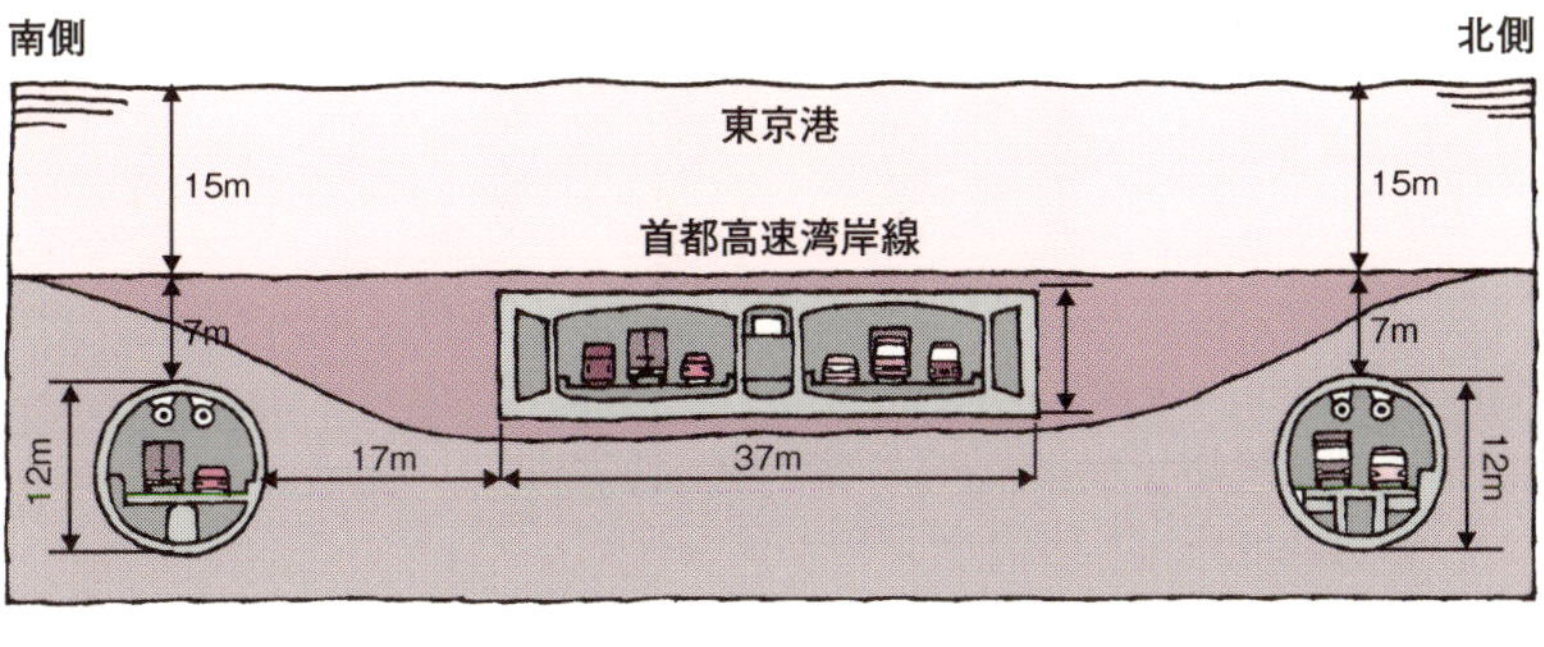

30 トンネルをどこに通すか

高速道路を例にしたルート選定

高速道路のルート選定は、まず、起点と終点にあたるインターチェンジの間を最短に結ぶことから考えます。しかし、途中には、人の住む集落や貴重な動植物生息域、険しい山や谷など、道路を通すには難しい区間があります。またルート選定のポイントとして、できるだけ安く簡単に工事ができること、維持管理も容易にできること、そしてドライバーが安心して運転できることなど、色々なことを考えます。

ルート決定にはまず、どんな道路の形（道路線形）にするかが問題になります。道路線形には、S字カーブといった平面線形と、上り坂や下り坂といった縦断線形があります。高速道路の線形は、高速で走行しながら安全で快適に走行できるよう配慮しなければなりません。このような様々な制約条件を最もクリアできる道路線形が決まってからやっとトンネルの位置が決まるのです。

トンネルの建設費は、普通の地面で造る道路に比べれば割高です。しかし、用地買収が要らない、自然を破壊しないというメリットがあります。トンネル換気や防災設備の維持管理にお金はかかりますが、雪国なら除雪をしなくてよいメリットがあります。山岳地帯の道路ならS字カーブになって事故の危険性が高まりますが、トンネルなら比較的真っ直ぐに走ることができます。

このようにトンネルの工事費は一般に他の工事より高いですが、そのデメリットを解消する要因も多くあります。そのため、道路だけでなく鉄道においてもトンネルが選択されるケースも多くなっています。

写真はトンネルの顔とも言うべき坑門（出入り口）の様々な型式です。坑門は従来、斜面崩壊などを防護する擁壁としての目的でしたが、最近では、周辺との調和も重視されています。〝潤い〟や〝安らぎ〟もキーワードに設計・施工されている事例も増えています。

要点BOX

- ●まずはインターチェンジ間のルート選定
- ●道路線形は横断と縦断を考える
- ●トンネルにするメリットは多い

様々な坑門(トンネルの出入り口)の型式

面壁型ーウイング式
(巣山トンネル　中国自動車道)

面壁型ーアーチウイング式
(柿崎トンネル　北陸自動車道)

突出型ー突出式
(保戸坂トンネル　東北自動車道)

突出型ー竹割式
(柳ケ瀬トンネル　北陸自動車道)

突出型ー逆竹割式
(関越トンネル　関越自動車道)

めがね型
(貝塚トンネル　京葉道路)

出典：「高速道路のトンネル技術史ートンネルの建設と管理ー」高速道路調査会

31 トンネルを掘る前に調査する

自分の目や足で、そして様々な機器を使って

トンネルでは、山が硬いのか軟らかいのかだけでなく、亀裂がどのような状態にあるのか、水をどれくらい含んでいるのかなど、事前に調査する必要があります。この調査には、踏査、弾性波探査、ボーリング調査あるいは室内試験などがあります。

最初に、地質や地形がわかる図面や文献による資料調査を行います。並行して、実際に山を歩き自分の目で確かめる踏査《とうさ》という調査をします。踏査では地形、地盤の種類や風化の度合い、湧水などを調査します。とくに、トンネルの入口や出口付近では、入念に調査します。

弾性波探査とは、地表で火薬を爆発させるなどで人工的に地震を起こし、地盤中を伝播する波の速度を測定して地質構造を推定する調査法です。トンネル全体の地質状況を調査でき、細長い構造物であるトンネルの調査に有効な方法です。弾性波探査から得られる速度値（弾性波速度）は地盤の性状と高い相関性があります。簡単に言うと、弾性波速度が速い山では硬い山、速度が遅い山では軟らかいあるいは断層などの弱層がある山です。日本では、弾性波速度の値で山をいくつかの種類に区分し（地山等級）、トンネルの支保工を選定しています。

ボーリング調査は、直径10㎝程度のボーリング孔を地表からほぼ鉛直に掘削し、採取した試料を観察する調査です。この調査は、トンネルを掘削する予定の地下の地質を直接観察できる点で実際の状態の確認に最も確実な調査方法です。掘削したボーリング孔を利用して、山の硬さを調べる試験を行ったり、地下水の状況を調べたりもします。また、ボーリング孔で採取した試料は岩石の重さや強度などを調べる室内試験にも利用されます。

事前調査でこれらの調査結果を総合的にまとめて地質縦断図を作成します。地質縦断図はトンネル掘削のための最も基本となるものです。

要点BOX

- ●山の硬さ、亀裂、水の状況を調べる
- ●実際に山を歩いてよく観察すべし
- ●人工地震で地質もわかる?

弾性波探査の原理と測定装置

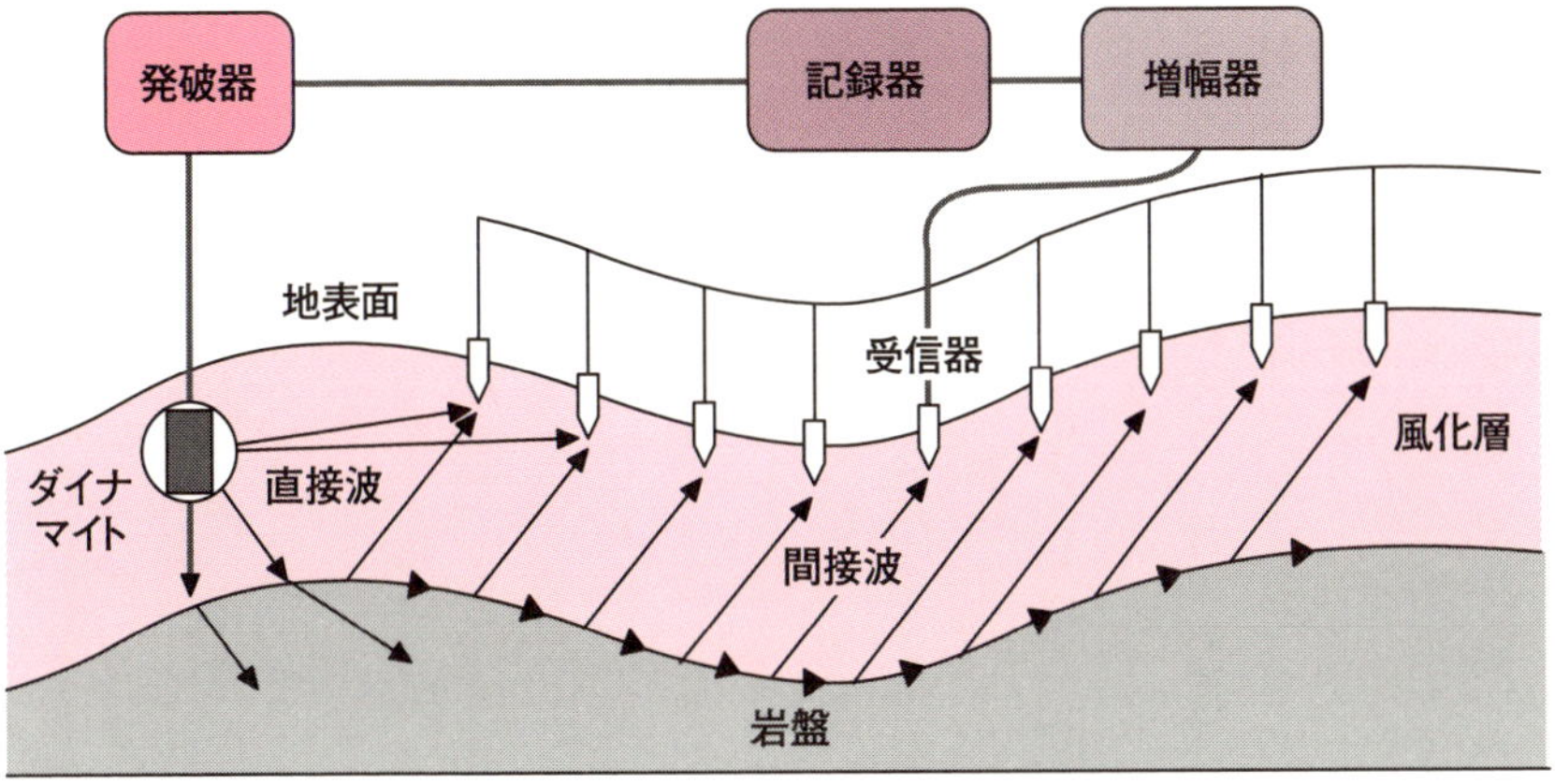

発破器と受信器からなり、ダイナマイトなどで起こした弾性波を岩盤を通じて受信器で測定し、その間の伝達時間を計測する。計測値により岩盤を伝える速度と岩盤の層の厚さを求めることができる。簡単に言うと、伝達速度が速いところは硬い岩盤、遅ければ遅いほど柔らかい、あるいは脆弱な岩盤となる。

ボーリング装置と採取したコアの例

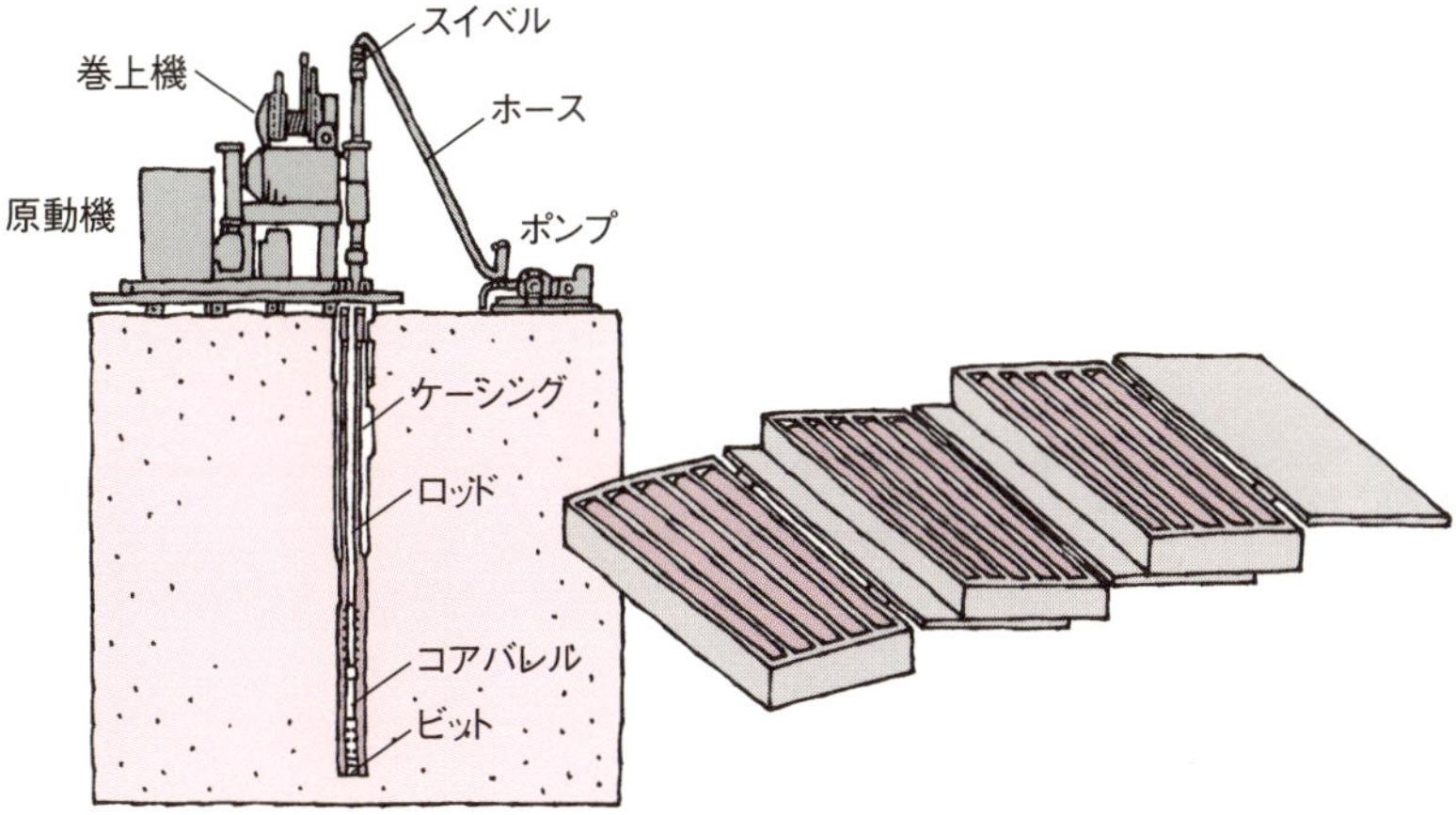

ボーリングによって得られた岩盤サンプルをボールングコアと言う。コアは1mごとに数本ずつコア箱に保存される。コアの状態やコアの性質を鑑定してトンネルの地質縦断図の作成に活かす。

32 トンネルをうまくつなげる

計画通りに正確な位置のトンネルを掘るには?

現在のトンネル技術は、水平、垂直方向ともに数十㎜以内という精度で貫通させることができます。高い精度で貫通できるのは測量技術の賜物です。

測量は、大きく分けて距離、角度、高低差を測ります。このうち距離と角度の精度が各段に向上しました。この精度向上に貢献した機器が「光波測距《そっきょ》儀《ぎ》」です。この機器は、測定距離の一端に本体を据え他端に反射プリズムを置き、光波が2点間を往復する時間を電子的に測定し、距離をデジタルで表示するもので、プリズムを見通すことができれば数km先まで一度で測距可能とするものです。また、距離を計測するだけでなく水平角度、垂直角度を計測する能力を持った測距儀が主に利用されることからトータルステーションとも呼ばれます。

近年のGPSのめざましい普及も挙げられます。GPSは、人工衛星からの電波の伝播時間を測定し、受信点の地球上の位置を正確に求めるシステムで、自動車のナビゲーションシステムに用いられているものと原理は同じです。トンネルの2つの坑口の位置を決める場合、GPSでは観測点間の視準が必要ないため、高精度で位置が特定できます。

一方、日々のトンネル掘削の合理化を目指した機器の開発も盛んです。山岳トンネルの掘削では、レーザー光線と光波測距儀を併用したトンネル断面の自動マーキングシステムが採用されています。これは、トンネルの線形と断面形状を事前にコンピュータに記憶させ、次に切羽までの距離を光波測距儀で測定し、その距離に応じた基準点やトンネル断面の外周などをレーザー光線で照射するもので、このマーキングにしたがって掘削します。また、シールドなどにおいては、ジャイロが採用されています。これは、ロケットの姿勢制御に用いられるジャイロと同じです。掘削機本体にジャイロを設置し、基準点からの距離とジャイロの方位角によって掘進方向を管理するものです。

要点BOX

- ●測量技術の進歩で高精度に貫通
- ●GPSを活用
- ●ロケットの姿勢制御に使われるのジャイロも活用

シールドトンネルにおける地中接合

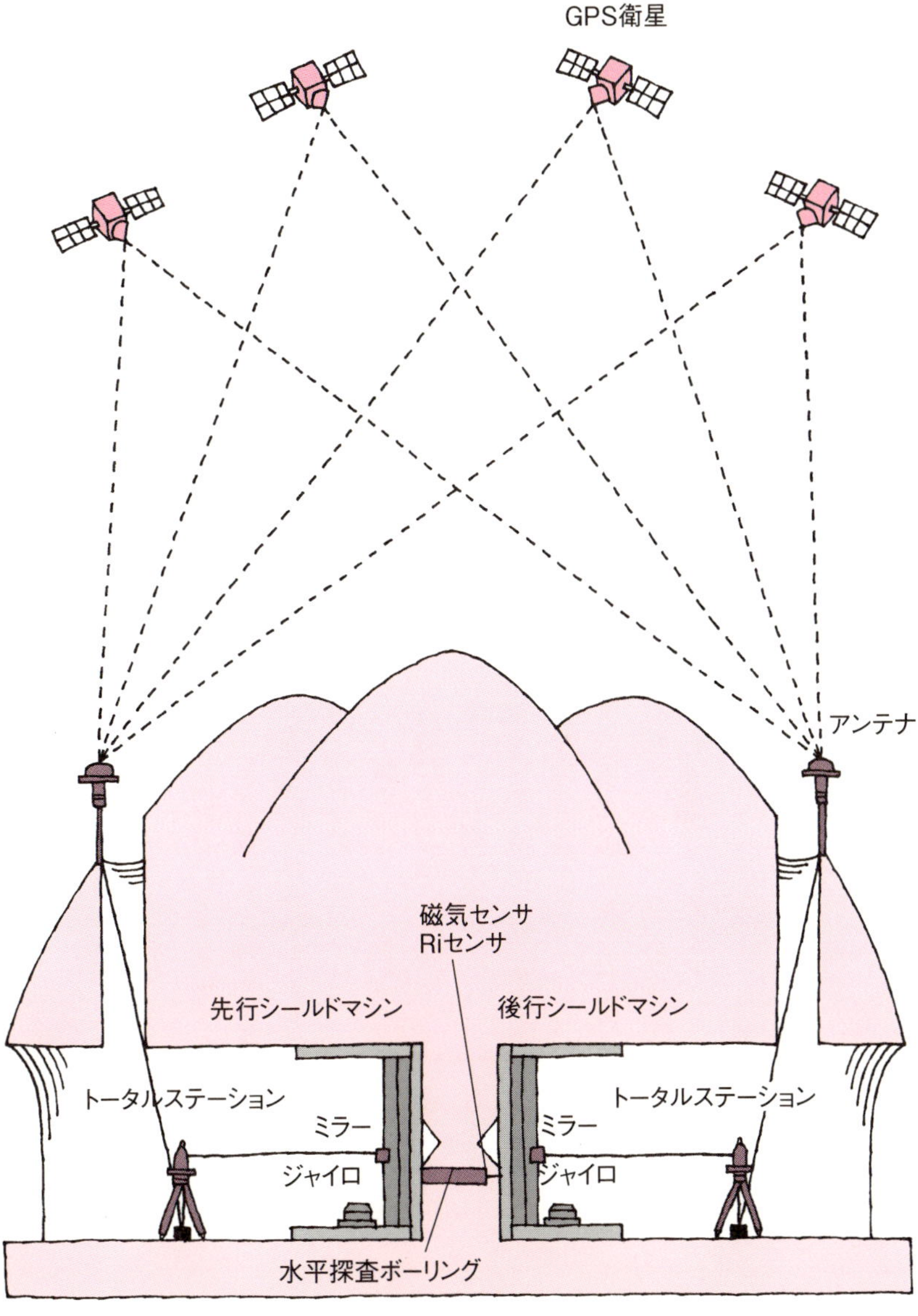

ドッキングには高度な測量技術と方向制御技術が必要。

出典：「みんなが知りたい地下の秘密」地下空間普及委員会、SBクリエイティブ、2010

33 トンネルの設計と考え方①

シールドトンネルの設計

シールドトンネルでは、セグメント（トンネルの壁となるブロック）で構成される1次覆工とトンネル掘削機械であるシールドマシンが主たる設計です。どちらも1次覆工やシールドマシンといった構造体とそれに作用する荷重などの外力とに、切り分けて考えることが基本です。極端に言えば、外力に対して構造体が持つか持たないかを検討すればよいので、後述のNATM《ナトム》による山岳トンネルの設計と比べて比較的わかりやすいです。

1次覆工は、工場で製作されたセグメント（38参照）を現場でシールドマシンを掘進させながらマシン内部で横断方向および縦断方向にボルトなどの継手で連結して組み立てた構造物です。セグメントには鋼製、鉄筋コンクリート製および鋼材とコンクリートを一体化された合成セグメントがあります。セグメントの設計では土圧や水圧以外に、覆工自体の自重、地表上の荷重、トンネルが変形した際に周辺地盤から受ける反力、マシン掘進時のジャッキ推力などの施工時荷重などなど、とても多くの外力を考慮します。また、構造自体もセグメントがボルトなどの継手で連結されている構造であるため、近年ではセグメントを円弧状の物体とし、継手部分をバネにモデル化して数値計算によって設計する方法が主流になっています。

シールドマシンの基本構造は、マシン本体、マシン前面の山留め機構、推進設備、覆工設備、駆動設備、付属設備から構成されます。これらの設備は、1次覆工で考慮するのと同様な外力を考慮して設計します。それに加え、トンネルの断面形状や深度、施工延長、トンネルの線形を考慮することも必要です。最近では、シールドマシン同士の地中接合、地下支障物をカッターで切削、道路での分岐拡幅に対応したシールドなど、より複雑な構造や仕様を考えることも多くなっています。

要点BOX

- 1次覆工とマシンの設計が主
- 考慮すべき外力がとても多い
- より複雑となったマシンに対する要求性能

シールドトンネルの1次覆工設計時に考慮される荷重の例（慣用計算法）

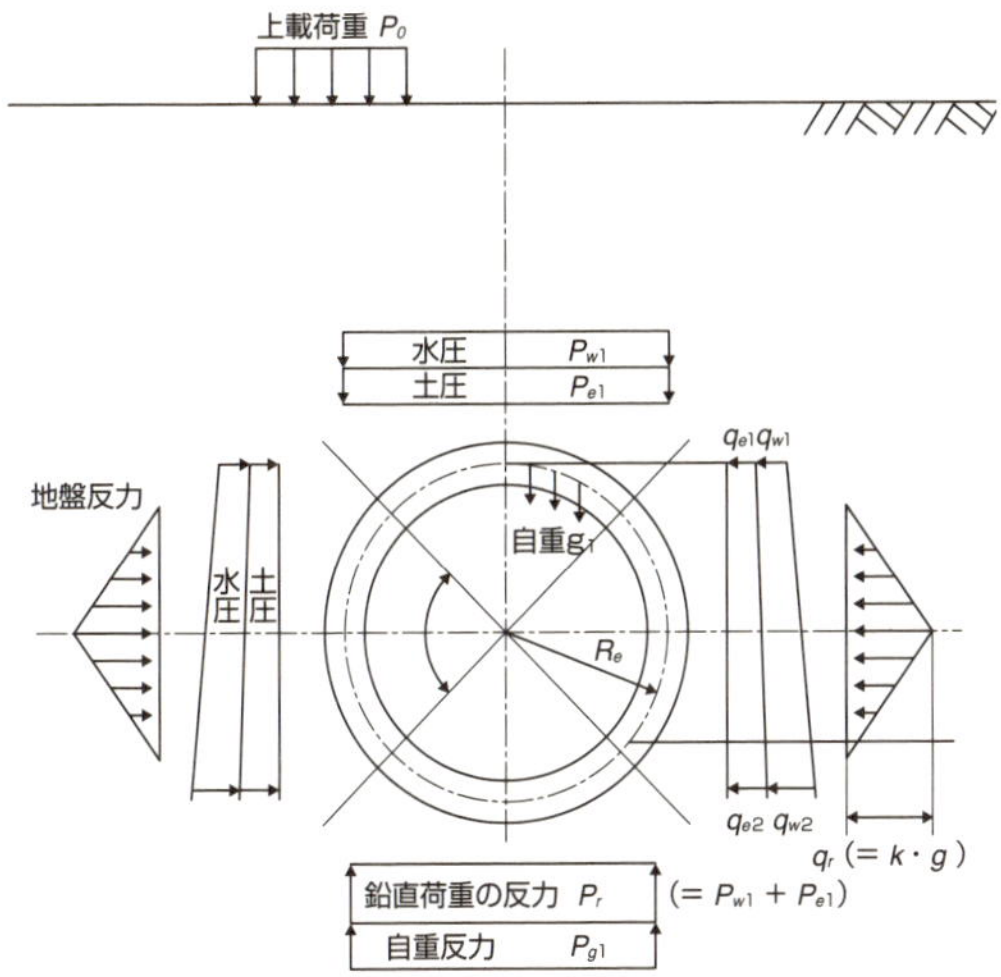

その他に考慮すべき荷重

- 施工時荷重（曲線部などの施工の影響が懸念される場合）
- 浮力（大水深、地下水位が高いなどで浮き上がりが懸念される場合）
- 地震の影響（地震や液状化の影響が懸念される場合）
- 近接施工の影響（近接構造物等への影響が懸念される場合）
- 地盤沈下の影響
- 内水圧（上下水道や地下河川などトンネル内の水圧を考慮する場合）

など

出典：「トンネル標準示方書2016年版シールド工法編」土木学会、一部加筆

シールドマシンの構造（泥水式シールドの例）

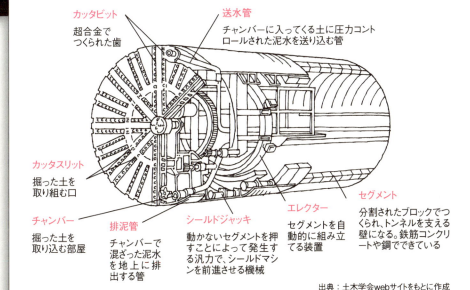

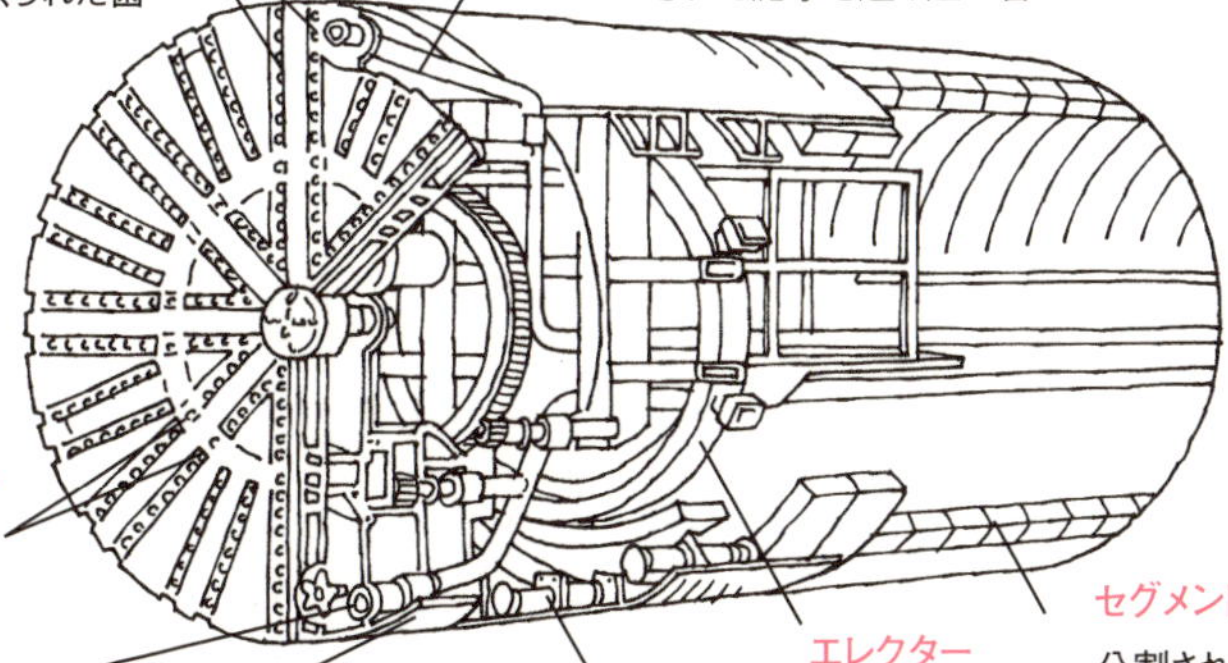

出典：土木学会webサイトをもとに作成

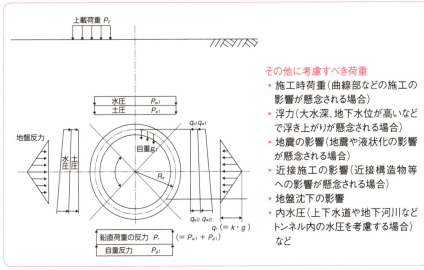

34 トンネルの設計と考え方②

山岳トンネルの施工方法は、1980年代前後を境に矢板工法からNATM《ナトム》に主流が移っています。矢板工法における支保工と覆工は、施工後に発生する地山の変形や掘削によって生じる崩落地山を支えるためのものというのが設計の考え方です。一方、ナトムでは、地山はトンネルに圧力を与えるだけのものとは考えず、ロックボルトや吹付けコンクリートなどの支保工によって地山を改善すれば地山自体が強度を発揮するという考え方に立ちます。

ナトムの設計の考え方はシールドトンネルをはじめ一般土木構造物とは異なります。一般構造物では、構造物（構造系）とそれに影響する作用や荷重（荷重系）を設定して構造物が持つかもたないかを検討するのが設計の基本的な考え方です。しかし、ナトムでは、地山と支保工がどのようなメカニズムで効果を発揮するかが明確ではないこと、また、地山にはどのような場の応力が存在しているか正確にはわからないことなどの不明確要素が多いため、構造系と荷重系にクリアに分けることができません。

そこで、ナトムは過去の経験にもとづく方法か数値解析に基づく方法かのいずれかで設計します。一般的には経験方法によります。経験方法は、地山等級と支保工の数や大きさとを関係付けた「標準支保パターン」により設計します。地山等級は弾性波速度と呼ばれる地山の硬軟を表す数値で地山を等級化したものです。標準支保パターンは地山等級とこれまでの実績にもとづいた支保構造を関係付けたものですから、これから掘るトンネルの地山等級がわかれば支保構造が決まります。つまり、支保構造を設計するというよりも支保構造を選定するといった方が正確かもしれません。一方、解析による方法は過去に経験したことのない条件でトンネルを掘る場合や新しい工法や構造を試みる場合にコンピュータを駆使してトンネルにとって最適な支保構造を決める方法です。

要点BOX

- ●矢板工法とナトムでは異なる
- ●地山等級と支保構造との関係
- ●ナトムではパターンによる支保構造選定

標準支保パターンの例

地山等級	支保パターン	標準1堀進長(m)	ロックボルト				鋼アーチ支保工			吹付け厚(cm)	覆工厚		変形余裕量(cm)	掘削工法
			長さ(m)	施工間隔 周方向(m)	施工間隔 延長方向(m)	施工範囲	上半部種類	下半部種類	建込み間隔		アーチ・側壁(cm)	インバート(cm)		
B	B	2.0	3.0	1.5	2.0	上半120°	—	—	—	5	30	0	0	補助ベンチ付全断面工法または上部半断面工法
CⅠ	CⅠ	1.5	3.0	1.5	1.5	上半	—	—	—	10	30	(40)	0	
CⅡ	CⅡ-a	1.2	3.0	1.5	1.2	上・下半	—	—	—	10	30	(40)	0	
	CⅡ-b						H-125	—	1.2					
DⅠ	DⅠ-a	1.0	3.0	1.2	1.0	上・下半	H-125	H-125	1.0	15	30	45	0	
	DⅠ-b		4.0											
DⅡ	DⅡ	1.0以下	4.0	1.2	1.0以下	上・下半	H-150	H-150	1.0以下	20	30	50	10	

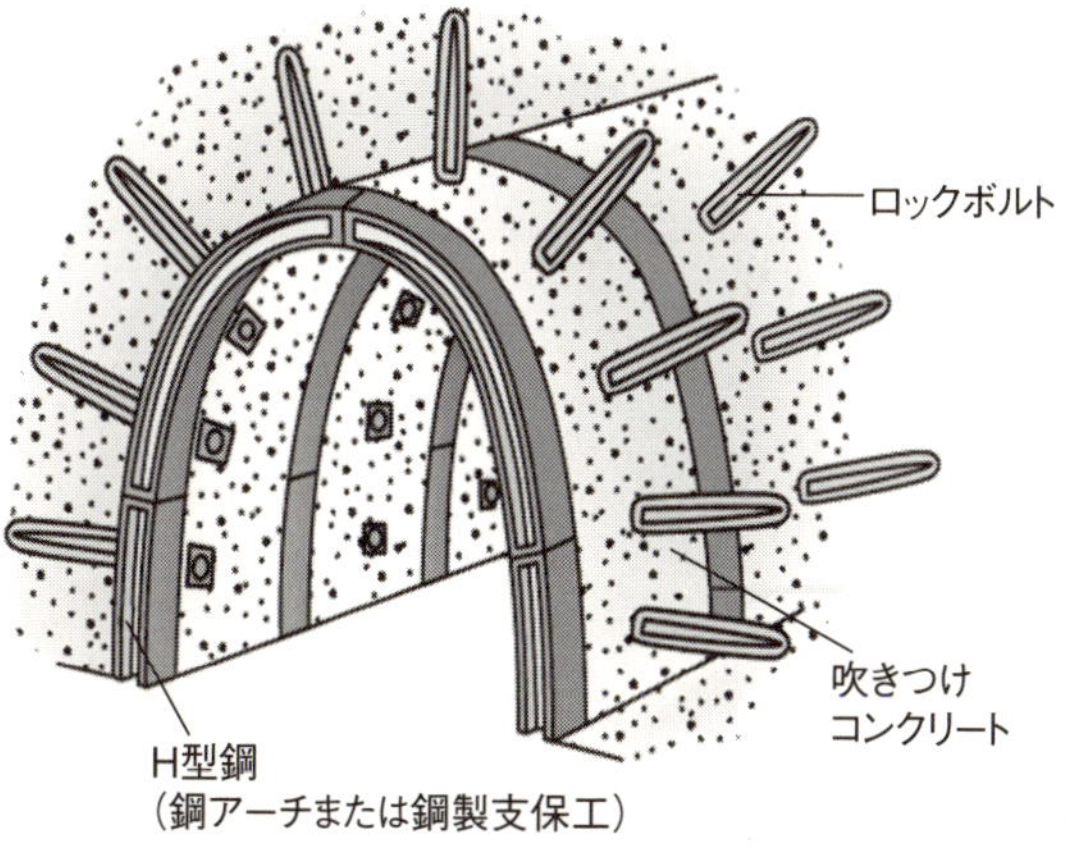

出典：土木学会webサイト、一部加筆

35 トンネルに勾配をつける理由

長さや場所によって形式も様々

トンネルを掘る時は勾配をつけます。理由は施工中および開通後の排水と換気です。トンネルは地下空間なので、地山から水が浸み出してくることがあります。少しずつ上がりながら工事を進めれば、重力を利用して排水ができます。また、排水ガスは空気より重いので、排出しやすくなります。入口と出口の標高が異なる場合、短いトンネルは、一方的な片勾配になります(上図)。しかし、長いトンネルになると、両側から掘り進めます。両側の排水と換気をよくするために、トンネルの中央を高くします。これを拝み勾配と言います。寺院、神社で手を合わせて拝むような姿から、そう言われるようになりました。

トンネルの中間部に向かって下がる「落込《おちこみ》勾配」もあります。「突っ込み勾配」とも言います。川底や海底を通るトンネルがこの勾配になります。この場合、水が溜まりますので、放っておくと水没してしまいます。そのためポンプで水を汲み上げなければなりません。

地下鉄は地下で何度もアップダウンを繰り返します。当然、落込勾配になるところが多くなります。そのため細かくポンプを設けて適切に排水をしています。また意図的に落込勾配にして、位置エネルギーを利用することもあります。発車時の加速や到着時の減速の時に省エネルギーになるからです。

鉄道トンネルの勾配は千分率を使います。記号はパーミル(‰)。10と表記する勾配標(写真)があります。これは10‰の意で水平方向に1000メートル進むと10メートル上がる勾配を意味します。つまり標板(腕木)が上に向いているのは、手前から登り坂になっているということです。青函トンネルの勾配は12‰。20‰より大きくなると急勾配になります。12‰に設定されたのは、貨物列車通過の前提ではなく、新幹線車両の性能に合わせたもの。昭和30年代の青函トンネルの設計は在来線の25‰になっていました。その後、新幹線車両の性能に合わせるため12‰になりました。

要点BOX

- ●水はけをよくするための勾配
- ●鉄道トンネルの勾配は、千分率で表現
- ●海底トンネルは、水はけができない

拝み勾配、片勾配、突っ込み勾配

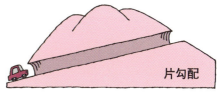

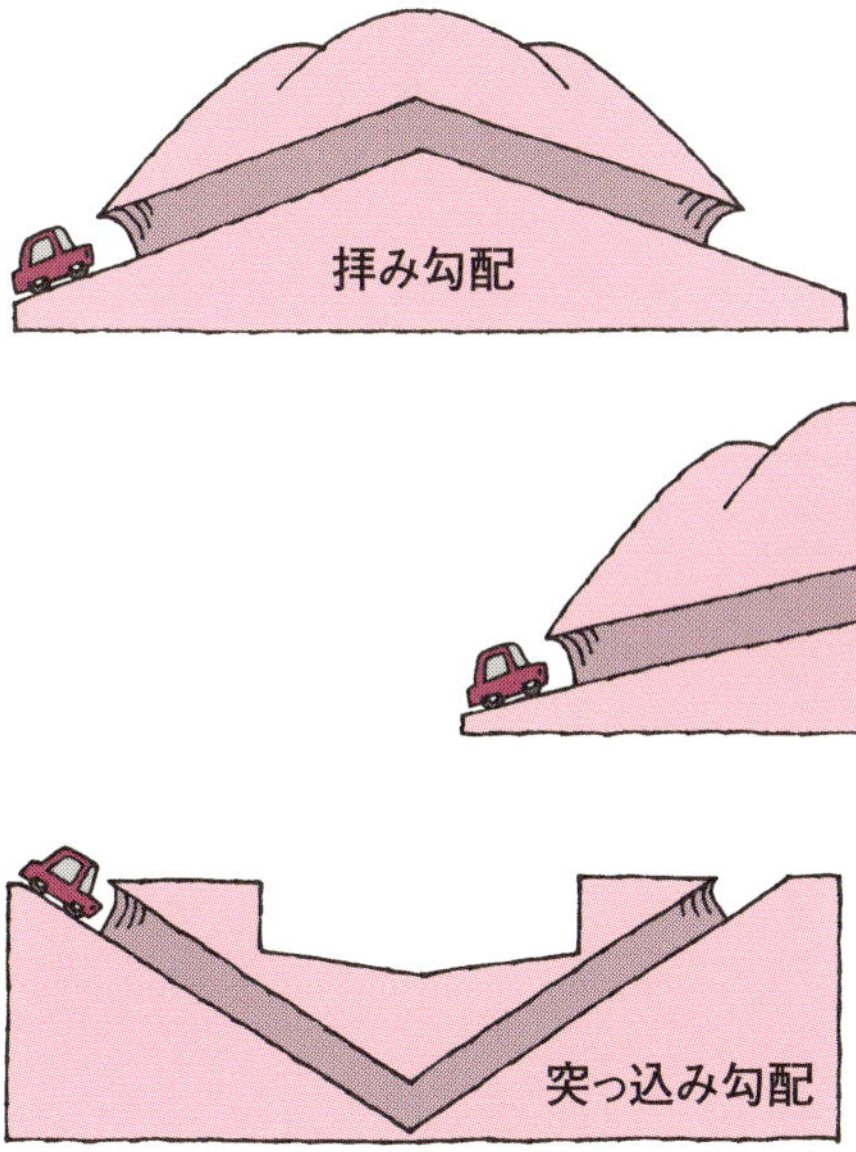

10‰の勾配標

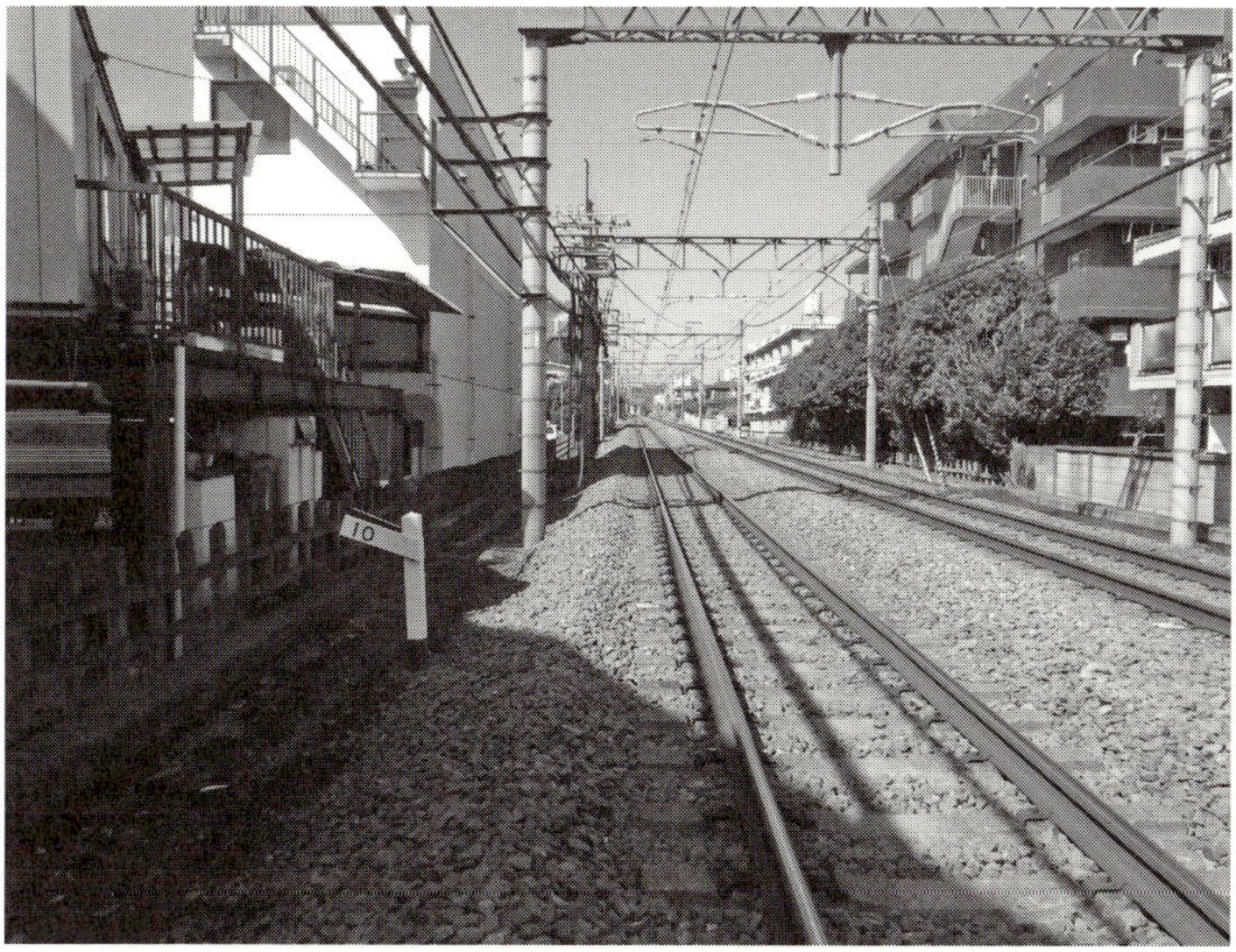

写真提供：西武建設 長谷部恒夫

36 山岳トンネルの造り方①

山の中をハリネズミが掘り進むように

郊外や山岳部のトンネルのように比較的硬い地盤の中にあるトンネルを山岳トンネルと言います。山岳トンネルを掘削する工法を「山岳工法」と言います。現在の標準的な山岳トンネルは、オーストリアのラブセビッツ氏が中心になって開発したナトム（ＮＡＴＭ：New Austrian Tunnelling Methodと呼ばれる工法で造られています。この工法は１９７０年代後半に日本に導入されました。

ナトム以前の工法は矢板工法でした。この工法は、H型の鋼材をアーチ状に組み、木材（板）を鋼材の間に渡して緩んだ地盤が崩れてくるのを内側から支えていました。しかし、大きな圧力にこの支えが耐えられず壊れることがありました。

一方、ナトムでは、掘削後すぐに地盤にコンクリートを吹き付けたり鉄筋棒（ロックボルト）を地盤の中に挿入したりして、地盤がトンネル内に崩れてきたり、トンネル断面が過度に変形しないように補強しながら掘り進めます。ナトムでは、コンクリートやロックボルトで掘った面を支えたり、地盤の中を補強することによって地盤そのものが強くなります。これを〝地盤と支保工が一体となってトンネルを安定させる性質〟と言います。この性質を有効に利用しているのがナトムの特徴です。支保工とは、コンクリート、ロックボルト、鋼製支保（H鋼）などトンネルを支えるために用いられる材料のことです。矢板工法では地盤と支保工が一体となっておらず、支保工や覆工でトンネルを支えるのに対して、ナトムでは地盤と支保工が一体となってトンネルを支えることから合理的な工法であると言えます。

新東名高速道路では、ナトムによって掘削断面積が２００㎡もの大断面トンネルを造りました。東名高速道路のトンネルの断面積が80㎡程度ですから、約2.5倍もの大きな断面が、それも様々な形状で掘削できるようになりました。

要点BOX

- ●鉄腕? ナトム
- ●ナトムの前は矢板工法
- ●支保工を使って地盤の強さを増す

NATMの様々な工程

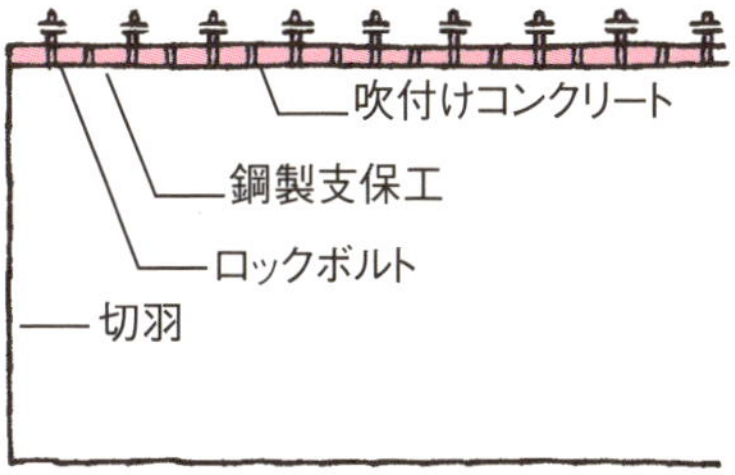

吹付けコンクリート

吹付けロボット

鋼製支保建込

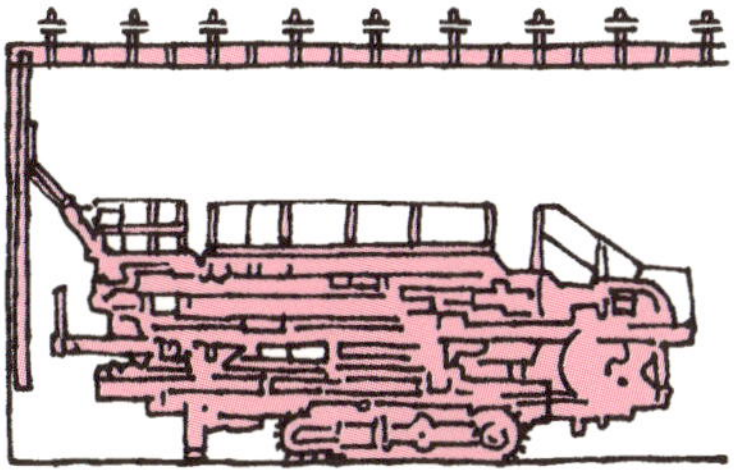

エレクタ

ロックボルト

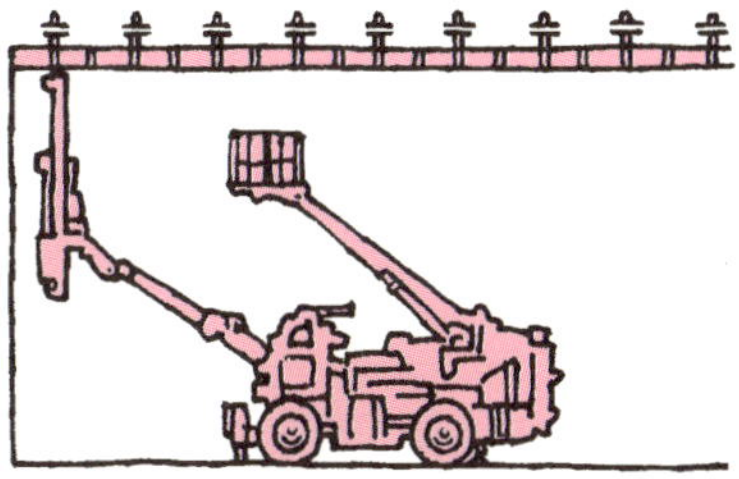

ドリルジャンボ

ナトムによる道路トンネルの工事中

トンネル周囲の壁に点々が見えるが、ロックボルトの頭部が等間隔に配置されている。

37 山岳トンネルの造り方②

断面を分けて安定性を保つ

山岳トンネルは、1～2mずつ掘削、ずり処理、そして支保工設置という手順を繰り返して掘り進めます。掘削直後のトンネル最先端の地盤（切羽）は、まだ支保工が設置されていないので地盤が不安定な場合があります。その場合には、トンネル断面をいくつかに分割して掘削します。地盤が軟らかくてすぐに崩れそうな地盤では、トンネル断面を分割して小さくすることにより切羽の安定性を保ちます。このトンネル断面の分割を加背割といい、加背割に応じてトンネルを掘進していく方法を掘削工法と言います。

掘削工法は図のように、全断面工法、ベンチカット工法、導坑先進工法に大別されます。また、断面を分割するだけでなく、掘る長さを調整することもあります。掘る長さを調整する方法はベンチカット工法で特徴的です。ベンチカット工法では、トンネル断面を上半分と下半分の二つに分けて上半分を先に掘り進めながら下半分を掘る工法です。上半分と下半分の断面間の距離をベンチ長と言います。地盤の状態に合わせてベンチ長がトンネル径の5倍以上のロングベンチ工法や、トンネル径の1～5倍程度のショートベンチ工法などが採用されています。日本の地盤は欧米に比べて地質が複雑なため、いろいろな地質の変化に対応しやすいショートベンチカット工法が最も一般的な掘削工法として採用されています。このように山岳トンネルでは地盤の硬さなどの色々な条件を考えて最適の掘削工法を選択します。

トンネルを掘削する手段のことを掘削方式と言います。掘削方式には発破掘削と機械掘削があります。硬い地盤を掘削する山岳トンネルでは爆薬を使用する発破掘削が一般的です。発破掘削では爆薬としてダイナマイトを用いています。今ではより安全な含水爆薬を使用しています。一方、地盤が比較的軟らかい場合にはロードヘッダやブレーカなどの機械で掘削します。

要点BOX

- 山岳トンネルの掘り進め方
- 断面分割方法の違いが掘削工法
- 発破か機械かが掘削方式

掘削工法の分類と特性（抜粋）

掘削工法		加背割	主として地山条件からみた適用条件	長　所	短　所
全断面工法		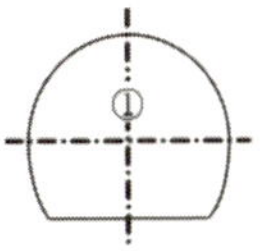	・水路等の小断面トンネルでは、ほぼすべての地山。 ・$30m^2$以上の断面では比較的安定した地山で適用可能だが、$60m^2$以上ではきわめて安定した地山でなければ適用は困難。 ・良好な地山が多くても不良地山が狭在する場合には段取替えが多くなり不適。	・機械化による省力化急速施工に有利。 ・切羽が単独であるので作業の錯綜がなく安全面等の施工管理に有利。	・トンネル全長が単一工法で施工可能とは限らないので、補助ベンチ等の施工方法の変更体制が必要。 ・天端付近からの肌落ちがある場合には、落下高さに比例して衝突エネルギーが増大するので注意を要する。
ベンチカット工法	(ロング)ショート (ミニ)ベンチカット工法	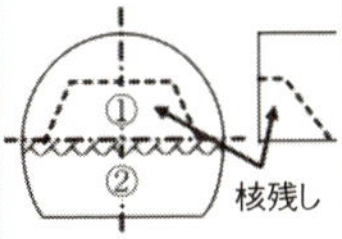 ・ロング：ベンチ長＞5D ・ショート： D＜ベンチ長≦5D ・ミニ：ベンチ長≦D	・ロングベンチカット工法（ベンチ長＞5D）は、全断面では施工困難であるが、比較的安定した地山。 ・ショートベンチカット工法（D＜ベンチ長≦5D）は、良好な地山から不良地山まで幅広い変化に対応しやすい。 ・ミニベンチカット工法（ベンチ長＜D）は、膨張性地山等で内空変位を抑制する場合や早期閉合が必要な場合。 ・切羽の安定性が悪い場合、核残し等によって対応する。	・上半と下半を交互に掘削する方式の場合は、機械設備と作業員が少なくてすむ。 ・ショートベンチは地山の変化に対応しやすい ・ミニベンチは、インバートの早期閉合がしやすい。	・交互掘進方式の場合、工期がかかる。 ・ショートベンチやミニベンチでは、同時掘削の場合には上半と下半の作業時間サイクルのバランスが取りにくい。 ・ミニベンチでは、上半盤に掘削機械を乗せる場合、施工機械が限定されやすい。
	多段ベンチカット工法	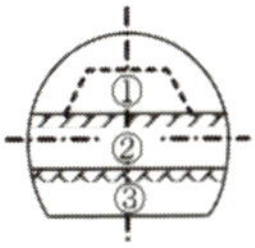			
導坑先進工法	側壁導坑先進工法	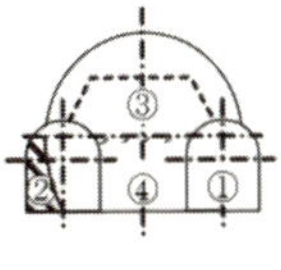 側壁コンクリートを打ち込む場合	・地盤支持力の不足する地山であらかじめ十分な支持力を確保したうえ、上半部の掘削を行う必要がある場合。 ・偏圧、地すべり等の懸念される土被りの小さい軟岩や未固結地山。 ・NATMでは、側壁コンクリートを打ち込まない場合もある。	・導坑断面の一部を比較的マッシブな側壁コンクリートとして先行施工するため支持力が期待できるとともに、偏圧に対する抵抗力も高い。 ・側壁コンクリートを打ち込まない場合、中壁分割工法の中壁の撤去に比較して、側壁部の仮壁撤去が容易。	・導坑掘削に用いる施工機械が小さくなる。 ・導坑掘削時に上方の地山を緩ませることが懸念される。
	中央導坑先進工法	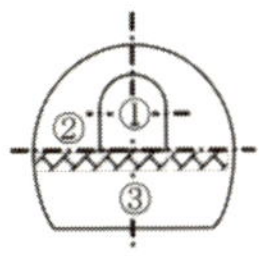 導坑の設置位置により、頂設導坑、底設導坑等がある	・地質確認、水抜き、先行変位や拡幅時発生応力の軽減等を期待する地山。 ・TBMによって導坑を先進させる場合もある。 ・地下水位低下工法を必要とするような地山には、底設導坑が用いられる。	・導坑を先進させることで地質確認、水抜き、いなし効果等が期待できる。 ・発破工法の場合、心抜きがいらないため、振動・騒音対策にもなる。 ・拡幅時の切羽の安定性が向上する。 ・導坑貫通後の換気効果が期待できる。	・TBMを用いる場合、地質が比較的安定していないと掘削に時間がかかる。 ・導坑掘削に用いる施工機械が小さくなる。 ・各切羽のサイクルのバランスがとりにくい。 ・施工機械が多種多様になる。

出典：「トンネル標準示方書2016年版山岳工法編」土木学会より抜粋

38 都市トンネルの造り方①

茶筒のような機械で掘り進む

都市部の地下のように地下水が豊富で軟らかい地盤の中を周りに影響しないように都市トンネルを掘る。この課題を克服するのがシールド工法です。

シールド工法は上図に示すような茶筒のような機械（シールドマシン）で掘り進める工法です。シールドマシンは鋼製で、トンネル周辺の地盤が崩れてくるのを防ぎます。このマシン内部後方では、セグメントと呼ばれるブロックを組み立てていて、トンネルの壁（覆工）を造っています。組み上がった覆工に、ジャッキを押し当て、その力でマシンを前進させます。マシンが進むと、覆工を組み立てる新しい空間ができるので、そこで新たなセグメントを組み立てます。このように、シールドを前進させることと、トンネル覆工を組み立てることを繰り返しながらトンネルを掘削していくので、地盤が悪くても安全にトンネルを造ることができるのです。

セグメント（下図）は、トンネルを長さ約1m～2m毎に輪切りにしたもの（リング）を、さらに運搬や組み立てが容易なように半径方向に分割されています。セグメントの本体は鉄あるいは鉄筋コンクリートなどでできています。セグメントは工場で造られ、工事現場まで運ばれてきます。トンネル断面の大きさにもよりますが、1リングあたりのセグメントの数は、直径1m程度の小さなトンネルで3個、東京湾アクアラインでは直径が14mほどになるのでその数は11個にもなります。東京湾アクアラインではセグメント1個が10t近くもあるので1リングあたりのセグメントを合計すると約100tの重さとなります。

マシンの前面は地盤を掘る部分です。現在では密閉型シールドと呼ばれるものがほとんどで、掘る部分のカッター部とその後方に隔壁を設けて地盤とトンネルの内部を遮断します。カッターと隔壁との間に泥水や掘った土に薬を入れて充満させ、地盤が崩れるのを防ぎます。

要点BOX
- ●シールド工法
- ●セグメントでトンネルを構築
- ●掘っている地盤が見えない密閉型が主流

シールド工法

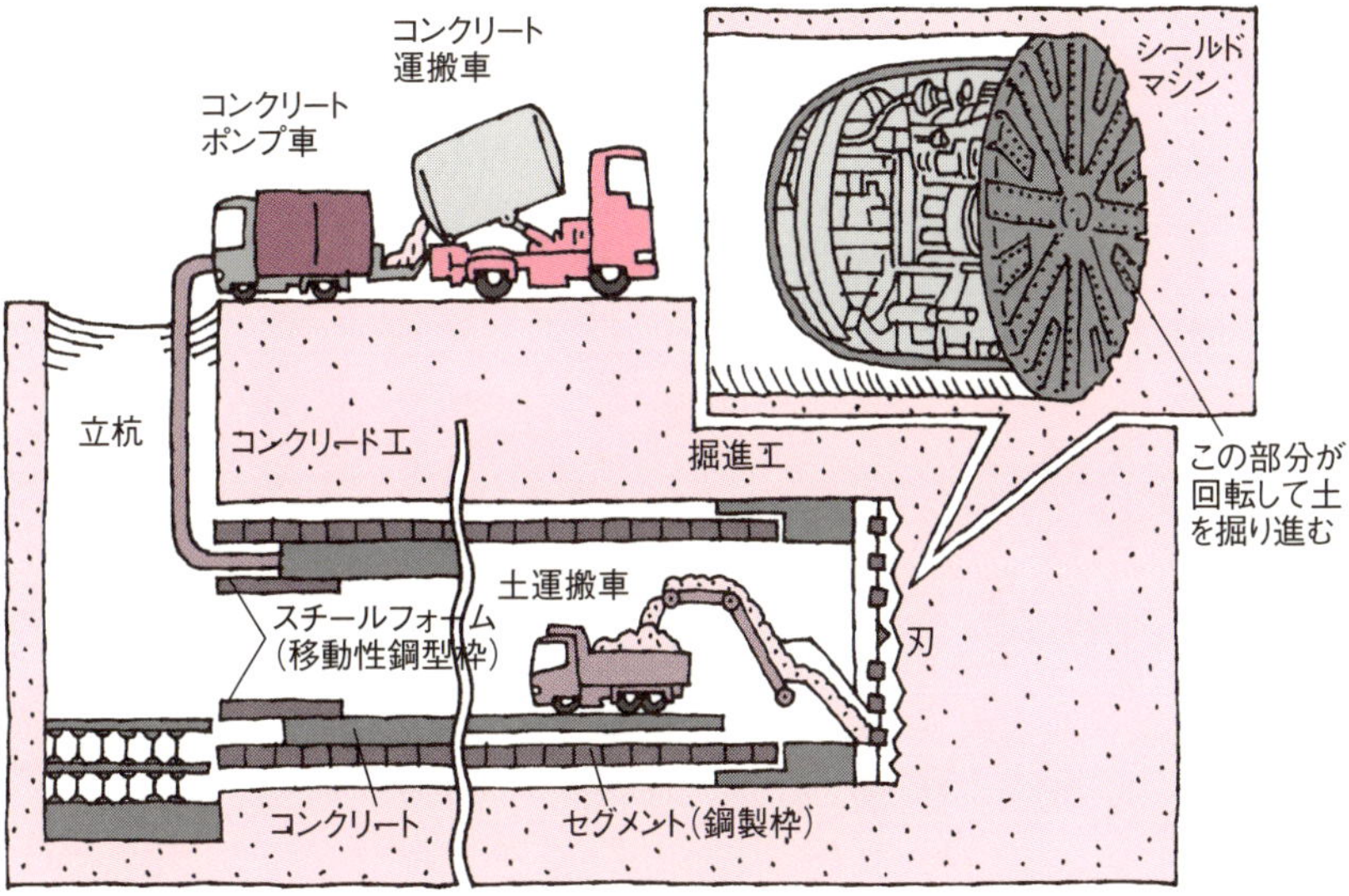

シールドマシンが地盤中を掘り進みながら、マシン後方でセグメントを組み立ててトンネルを構築する

出典：土木学会webサイトをもとに作成

シールドマシン内でのセグメント運搬・組み立て

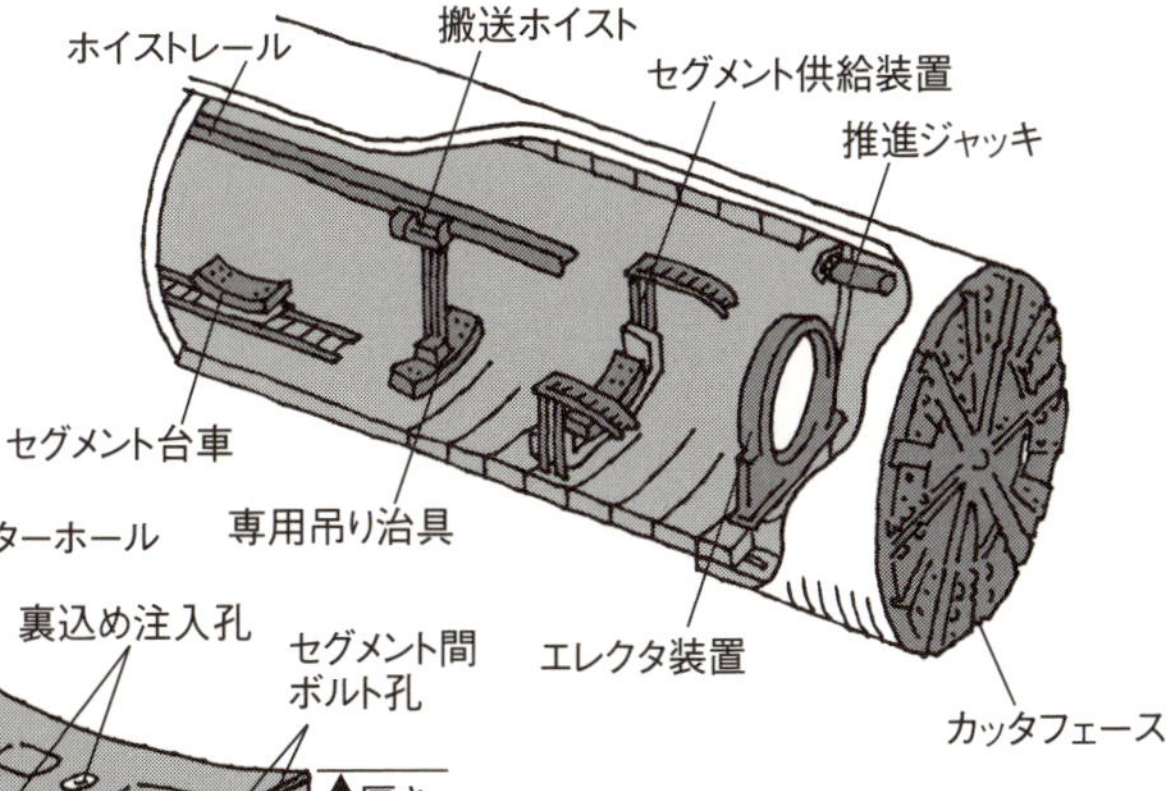

セグメントの例

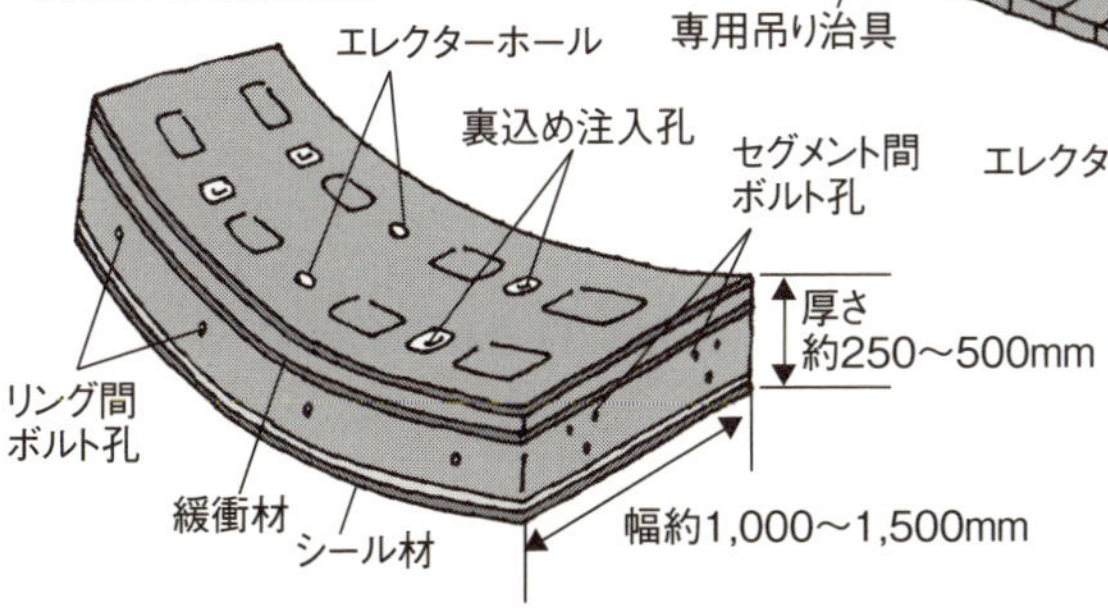

出典：土木学会webサイトをもとに作成

39 都市トンネルの造り方②

道路下の浅いところで密かに掘り下げる

都市部の地盤は軟らかいことが多く、そういう地盤でも安全に掘れるのがシールド工法でした。ただ、シールド工法はマシンや設備が大がかりであるため、コストも時間もかかります。逆に言うと距離が長く、地表から深いほど有利な工法と言えます。

地盤が軟らかくても距離がそれ程でもなく、また、比較的浅いところを掘るのに適した工法があります。それが開削工法です。

開削工法は、トンネル予定位置の土を地上から全て取り除いて作業空間を設け、トンネルを構築した後に再び土砂で埋め戻してトンネルを完成させる工法です。日本初の地下鉄（現在の東京メトロ銀座線）の建設に用いられました。今でも地下鉄の駅などの複雑な地下構造物や、シールドマシンが発進あるいは到達する基地など、都市部で造られるトンネルの代表的な工法でもあります。

一般的な開削トンネルの施工手順を図に示します。まずトンネルを造る位置まで掘削しなければなりません。都市でのトンネルの設置位置はすでに道路などで利用されているので、工事期間中も利用できるようにしておかなければなりません。そこで、掘削する大きな開口に鉄板（覆工板）を設置して昼間は道路として交通解放し、交通量の少ない夜間に工事をしたり、必要最小限の開口部から資材の搬出入を行って、現状の交通に支障をきたさないようにしています。

また、土が崩れるのを防止する仮設の壁（土留め）を設けて工事の影響を最小限に留めます。土留めは、材料は鋼製の形鋼が用いられ、H形の形鋼・波形のシートパイルや円形の鋼管矢板を用います。

開削工法では都市部かつ地表近くで施工されるため、交通への支障や地下埋設物に注意したりする以外にも、周囲のビルなどに影響が出ないようにしなければなりません。そのために、地盤を固めることもあります。

要点BOX
- ●開削工法
- ●覆工板で車を通しその下を掘る
- ●土留めをしてより安全に

開削工法施工手順

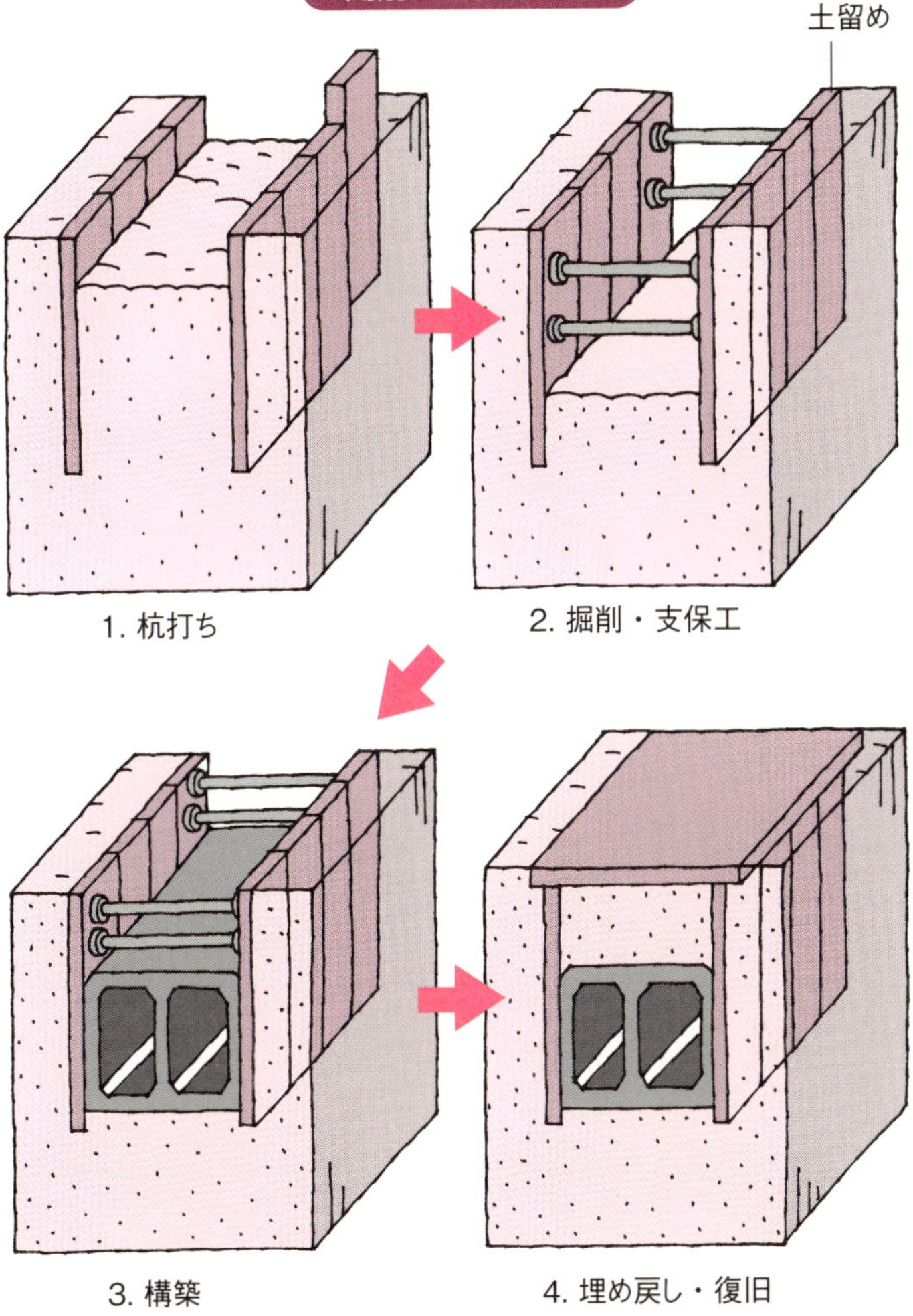
土留め
1. 杭打ち
2. 掘削・支保工
3. 構築
4. 埋め戻し・復旧

開削トンネルを
造っているすぐ上では
ふつうに車が走って
いるんじゃよ

出典：土木学会webサイトをもとに作成

40 水底トンネルの造り方

地上で箱を造って海に沈める

人類は山を掘ったり、地下を掘ったりしてトンネルを造るだけでなく、川の底や海の底つまり水底にもトンネルを造ることを求めました。それを実現しているのが、沈埋《ちんまい》工法と呼ばれるトンネル工法です。

ここでは首都高速道路湾岸線・多摩川トンネルを例に手順を説明しましょう。

沈埋函《かん》はドライドック（沈埋函を製作するために海に面した場所を掘り込んだ場所、ちなみにドックは船渠、つまり造船所を意味します）で造られます。ドライドックの底面積は約107000㎡であり、東京ドーム球場グランドの8倍の広さになります。完成した沈埋函の両端を鋼板（バルクヘッドと言います）で塞ぎドライドック内に注水すると浮力により沈埋函は浮き上がります。その後浮いている沈埋函をドライドックから海に引き出して、沈設場所まで曳航します。

一方、沈設場所の海底は事前に、グラブ浚渫船のグラブバケットで浚渫した後、栗石を投入、敷き均すことによって沈埋函の基礎が造られます。沈設場所まで曳航《えいこう》された沈埋函の函内に潜水艦が潜るのと同じように注水し、水より重くして沈設しますが、この時、沈埋函を所定の場所へ正確に吊り下げるために双胴の特殊作業船を使用します。最後に、沈埋函相互を水中で接合します。接合作業が終了した後は沈埋函周辺を埋戻して完成です。埋戻しは、河川や海の流れや航路の浚渫、船舶の投錨などから沈埋函を防護するために行いますが、多摩川トンネルでは砂岩を1・35mの厚さに敷き均しています。

埋戻しが完了したあとに、トンネル内の路床および舗装、内装、照明、防災設備などの工事を行います。

トルコのボスポラス海峡横断鉄道でも沈埋工法が使われました。この海峡は潮の流れが速く流れ方が不規則のため、一つの沈埋函沈設に40日くらいかかったそうです。

要点BOX

- ●沈埋工法
- ●コンクリート函を地上で作って船で水底まで
- ●函同士の接合には水圧を利用

沈埋工法

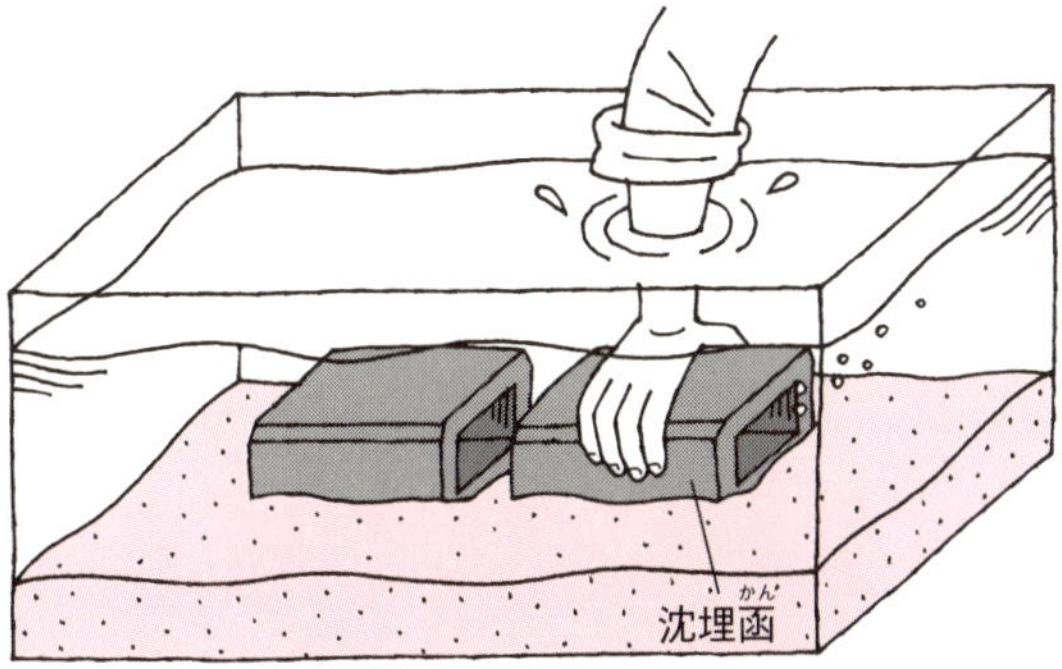

沈埋工法のプロセス

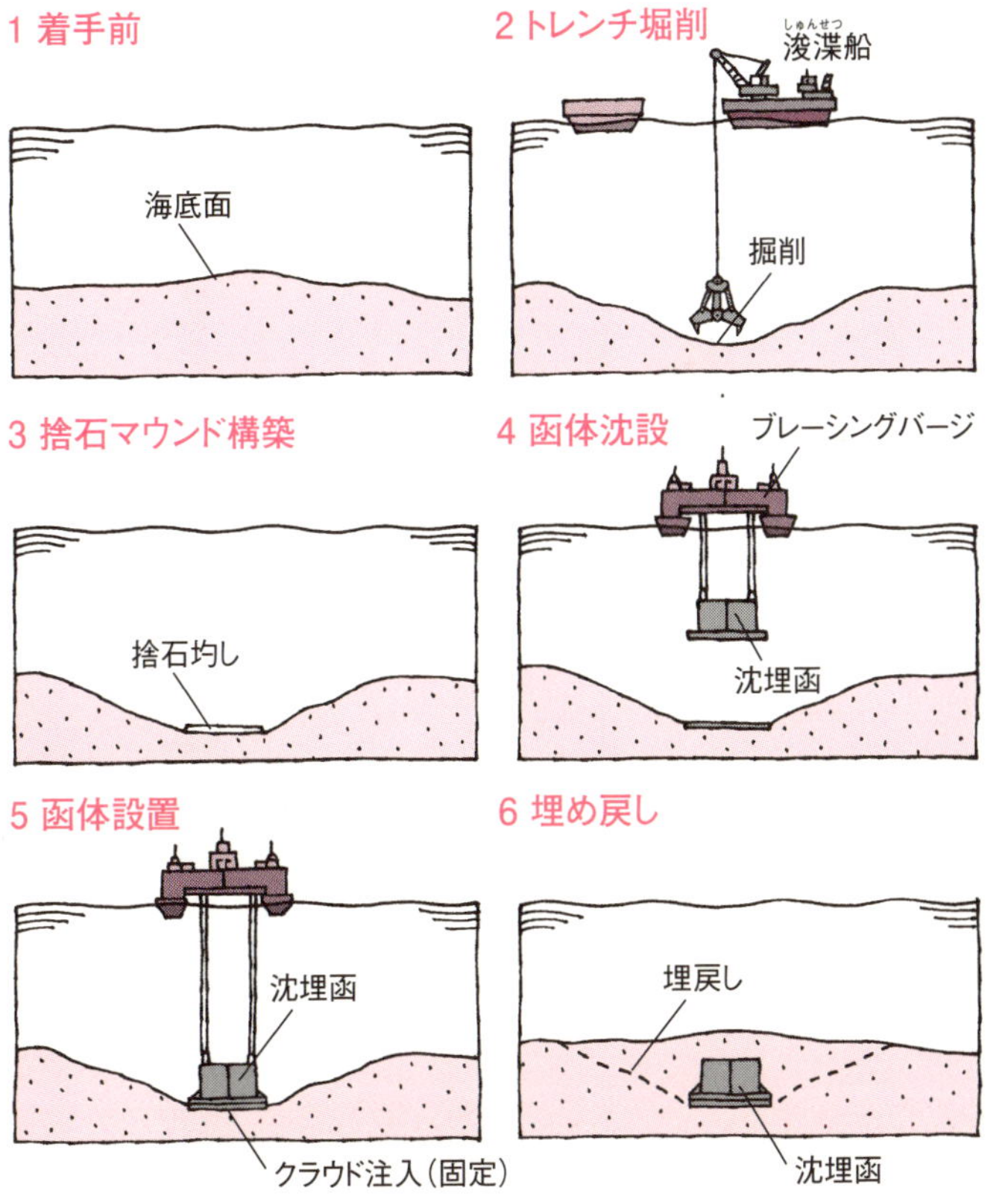

出典：「2016年度制定トンネル標準示方書［山岳工法編］」（土木学会トンネル工学委員会、2016）

41 トンネルを掘る前に地盤を固める

地盤を凍らせることもある

日本の大都市では地盤が軟弱で地下水位が高いのが普通です。そのような地盤にトンネルを掘るには、一般にシールド工法が採用されます。

シールド工法では、シールドマシンが発進あるいは到達するための立坑が必要です。立坑は発進や到達する前にあらかじめ建設しますが、この立坑の掘削によって緩みが生じ、立坑周辺の土砂が崩れやすく不安定である場合があります。さらに、地下水位が高い場合には一層崩れやすく不安定になりがちです。このようにシールドマシンの発進および到達立坑周辺での安定性を確保するために、地下水位を下げたり、地盤を固めたりしてトンネル周辺の安定性確保はもちろんのこと、わたしたちの住む地上に影響を与えないよう細心の注意が払われます。

ここでは、この安定性を確保する様々な工法のうち二つの工法を紹介します。

一つ目は薬液注入工法です。薬液注入は、地盤の間隙や割れ目に接着剤のような「注入材」を強制的に充填するもので、地盤の強度増加や止水のために用いられます。薬液注入工法では、注入方法、注入材の種類、注入圧などについて、地盤の状態や周辺に与える環境をよく考えて選ぶ必要があります。

二つ目は凍結工法です。凍結工法は深度が深いため高水圧下でより確実な止水性と安定した強度を得る必要がある場合に採用されます。この工法は、改良対象地盤内に1m前後の間隔で設置した凍結管に凍結液を流し地盤を凍結改良するもので、十分な管理を行えば凍土の強度はレンガ以上にもなり、遮水性も高く信頼性の高い工法です。まさに凍らせれば豆腐も煉瓦になるわけですが、一方で非常に高価な工法です。また、水は凍ると体積が膨張するため、地盤の凍結時には地盤の隆起が生じ、解凍時には元に戻るため地盤の沈下・収縮が生じることになり、市街地で用いる場合には十分な検討が必要です。

要点BOX

- 大都市の地下は軟らかくて地下水位も高い
- 薬液注入工法
- 凍結工法

薬液注入工法（二重管ストレーナー工法）

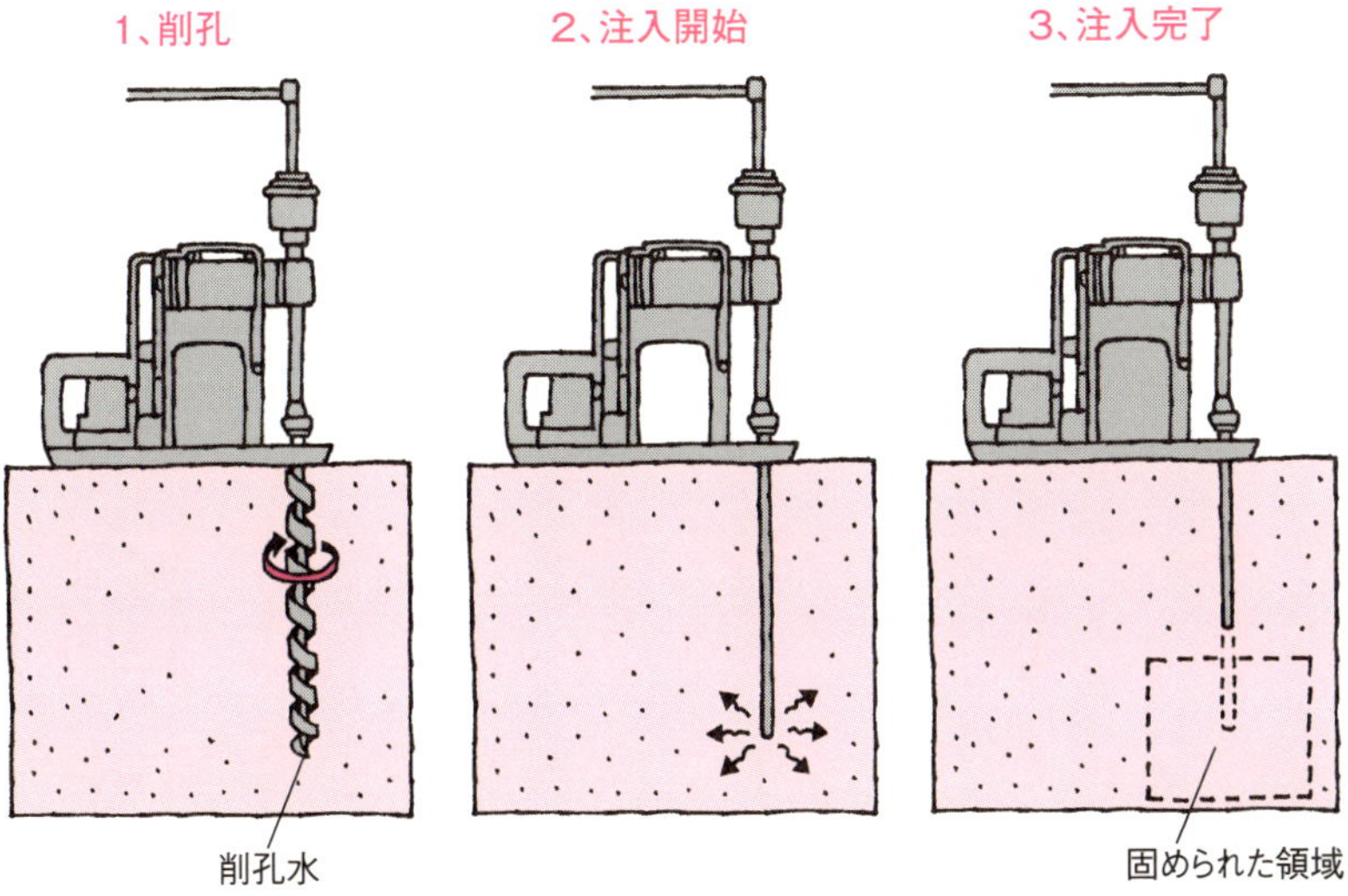

凍結工法

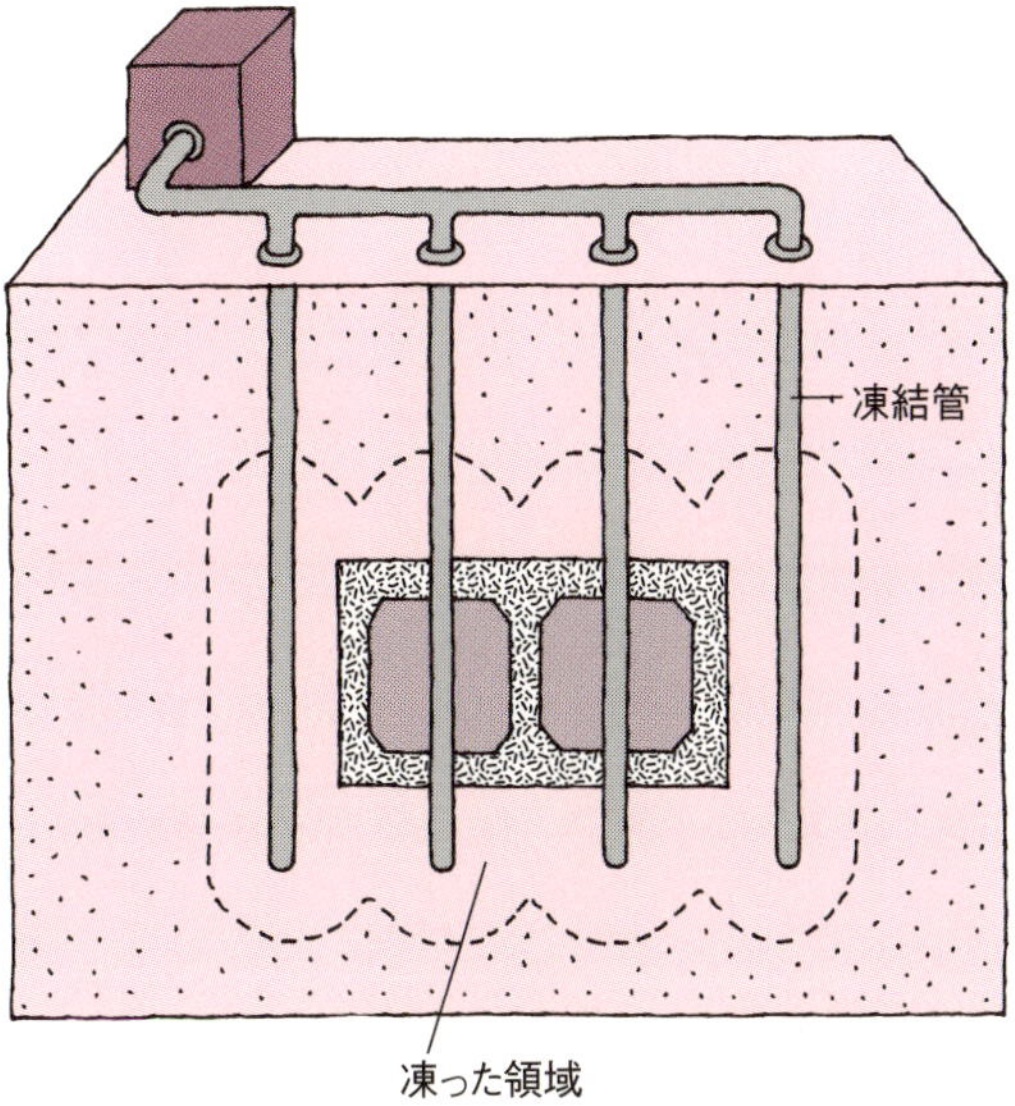

出典：「トンネルなぜなぜおもしろ読本」（山海堂、2003）をもとに作成

42 トンネルで使われる珍しい機械

機械仕掛けの弁慶

トンネルでは普段見ることのできない珍しい機械がたくさんあります。シールド工法(38)でも紹介しましたが、シールドマシンは珍しい機械の典型でしょう。実は、山岳工法にもシールドマシンに似たような機械が使われていたり、機械仕掛けの弁慶のような機械もあります。それらを写真を交えて紹介しましょう。

山岳工法では、トンネルボーリングマシン(TBM)という機械で掘ることもあります(**左上の写真**)。一見、シールドマシンと似ていますが、何が違うのでしょうか? 大きな違いは、マシンで掘進する際に、シールドではジャッキを介して後方のセグメントから反力を得ますが、TBMでは岩盤がむき出しの坑壁にグリッパをあてて掘進するための反力を得ます。日本では、地山の性質を見極めるための小・中型TBMが多いです。これは地山の性質と調べるなどを目的としています。一方、硬い岩盤の多い海外などでは、大型TBMでトンネル全断面を掘削することが多いです。

ナトム(36)では一般に、ロックボルト、吹付けコンクリート、鋼製支保工を建て込みますのでそれぞれ機械が必要になります。また、覆工コンクリートを打設するための機械や掘削土砂の運搬機械などその種類も多くなります。当然、機械をまとめて集約すればもっと効率的にトンネルを造れるのでは、という発想も生まれます。

TWS(トンネルワークステーション、**下の写真**)は、掘削機や削岩機、吹き付け機、吹き付けロボット、支保工設置用エレクタ、足場など、トンネル工事に必要な機械を効果的に組み合わせて搭載した機械です。この機械の登場によって、機械台数の削減や機械の入れ替え時間の縮小を図ることができます。その結果、施工サイクルの短縮(掘削速度の向上)や作業環境の改善・安全性の向上が期待できます。まさに機械仕掛けの弁慶のようです。

要点BOX

- ●機械だらけの山岳工法
- ●シールドマシンのようなTBM
- ●トンネルワークステーション

山岳工法で使われる様々な機械

新東名高速建設時に先進導坑掘削時に用いられたTBM

ドリルジャンボ（火薬装填及びロックボルト孔の削孔機）

ツインヘッダー（自由断面掘削機）

覆工型枠

北陸自動車道
山王トンネルで
用いられたTWS。

出典：「高速道路のトンネル技術史」高速道路調査会

43 掘削中のトンネル周辺の環境

環境保全に配慮した対策

シールドトンネルや山岳トンネルでは、掘削にともなう色々な作業時に大きな音が発生します。発生音は距離が離れれば減衰して小さくなりますが、トンネル工事の近隣では騒音に感じられます。そこで、周辺環境を守るために防音効果のあるパネルを組み合わせて防音壁として作業音を遮音します。トンネルの入口でよく見かける、防音壁で囲まれた建物を防音建屋と呼びます。

防音建屋はトンネル構築の作業空間を確保するためにできるだけ大きくしなければなりません。しかし、防音壁をむやみに大きくすると周辺の日照が悪くなります。そこで、日照時間を計算し、日照時間が確保できるように寸法を検討します。防音壁の壁は大きいので周辺環境を圧迫しないように壁画を描くなど環境への融和を図る工夫をしています。また、作業時の振動が伝わらないように、地盤と機械の間にクッション材を設置して機械振動を吸収する施設を設けることも多いです。

トンネル工事では山や地盤中の地下水にも影響を与えます。場合によっては大規模な崩落や事故を生じさせる原因にもなります。そこで、地下水の汲み上げが行われることがあります。しかし、急激な地下水の汲み上げは地盤沈下を発生させるなどの悪影響を与えることもあります。そこで、地下水の変動を抑える必要がある場合には汲み上げた水を再び地盤に戻すリチャージウェル工法がとられます。

掘削土の管理も重要です。掘削土中に含まれる重金属などは、そのまま放置すると地盤に浸透して人体や他の生物に対して有害となるものもあります。有害でないものは、埋め立て地や道路の路盤材として利用されることもあります。トンネル工事で発生した土砂をできるだけトンネル内で処理するようにセメントを添加してトンネルの底部や開削トンネルの側部の埋め戻しに用いることもあります。

要点BOX

●騒音対策には防音建屋
●地下水対策の一つ「リチャージウェル工法」
●掘削土の性状も重要

環境保全対策の例

仮設備を茶色に塗装した例：トンネルに関わる設備が目立たないよう、周囲の色合いに溶け込む色に塗装している。

坑口に設置した防音ドームの例：オオタカ対策のため、工事用車両の出入りや重機から発生する音を抑制している。

出典：「写真で見るトンネル標準施工」ジェオフロンテ研究会

Column

モグラのトンネル

モグラはトンネル掘りの名人。ツルハシのようにとがった吻《ふん》(口先)、シャベルのような前足、生きたトンネルマシンのようです。鼻がとがっているため鼻先が敏感で障害物があたると、それを食べることができるのかを瞬間的に判別するそうです。

畑や野原を歩いて、こんもり盛り上がった噴火口のような、また堤防のような細長く盛り上がったものを見た経験はありませんか? モグラの仕業《しわざ》です。どのように掘るのか、覗いてみましょう。

モグラの穴は、本坑道と側坑道からできています。深いところは吻で土をくずし、シャベル状の前足でかきとり、後ろの方へ送ります。土がたまると、垂直にあけた側坑道から地表に押し出します。これが噴火口のような土の盛りあがりです。浅いところは、吻と前足で土を押しあげて進むので、堤防のようにつながって盛りあがっているのです。深いもので地表から30㎝、浅いもので5㎝。平均で10㎝くらいです。トンネルの直径は5㎝くらい。

水がどのくらい含んでいるかによって、土の状態が変わります。モグラは感覚的に粘りのある土を掘っています。

モグラは漢字で土竜。土を掘った跡のトンネルが、竜のように見えるから土竜と名付けたと言われていますが、中国では「ミミズ」のこと。日本に伝来する時に、間違ったようです。

第4章

様々な災害に備えるトンネル

44 トンネルの安全設備

トンネル等級と非常用施設

トンネルの弱点の一つに火災が挙げられます。トンネル内で生じる火災は一般の建築物の火災に比べると、①密閉性が高い、②初期火災に相当する部分がほとんどなく急激な温度上昇がある、③燃焼物の量が限られているため最高温度の保持時間が短い、④コンクリートの爆裂破壊が生じる危険がある、などの特徴があります。また、同じトンネルでも鉄道よりも道路トンネルの方が圧倒的に火災発生件数は多くなっています。

道路トンネルでは、表のような非常用施設が設けられています。非常用施設には色々な種類がありますが、基本的にはトンネル等級ごとに設置しなければならないもの（表中◯）と設置することが望ましいもの（表中△）があります。トンネル等級は図のように、トンネル延長（m）とトンネルを通る一日の交通量（台／日）で決まります。等級は最高ランクAAからDまでの五段階に分けられますが、例えば、トンネルの長さが1000m弱で一日交通量が4000台以下ならC、20000台を超えますとAとなります。また、①設計速度の高いトンネル、②見通しの悪いトンネル、③特殊な構造のトンネルでは1階級上位にすることが望ましいとされます。なお、非常施設による対策だけでなく、危険物車両の通行制限による対策もあります。道路法第46条第3項の規定では、道路管理者は、水底トンネルやこれに類する特殊なトンネル（延長5000m以上の長大トンネル、水際にあって路面の高さが水面の高さ以下のトンネル）では、危険物積載車両の通行を禁止や通行の制限をしています。

鉄道トンネルでは、地下鉄道基準にもとづいた駅舎の不燃化、消火設備や避難誘導表示板、熱気流や煙を遮断する防火扉などの設置による対策を講じています。平成15年2月に発生した韓国・大邱（テグ）市における放火による地下鉄火災を踏まえ、旅客の避難誘導対策等も進んでいます。

要点BOX

- ●トンネル火災は急激に温度上昇する
- ●道路トンネルには等級がある
- ●危険物車両は通行できない場合もある

非常用施設

非常用施設／トンネル等級		AA	A	B	C	D	設置間隔（m）
通報・警報設備	非常電話	○	○	○	○		200
	押ボタン式通報装置	○	○	○	○		50
	火災検知器	○	△				
	非常警報装置	○	○	○	○		坑口
消火設備	消化器	○	○	○			50
	消火栓	○	○				50
避難誘導設備	誘導表示板	○	○	○			200
	排煙設備または避難通路	○	△				
その他の設備	給水栓	○	△				
	無線通信補助設備	○	△				
	ラジオ再放送設備または拡声放送設備	○	△				
	水噴霧設備	○	△				
	監視装置	○	△				

トンネル等級区分

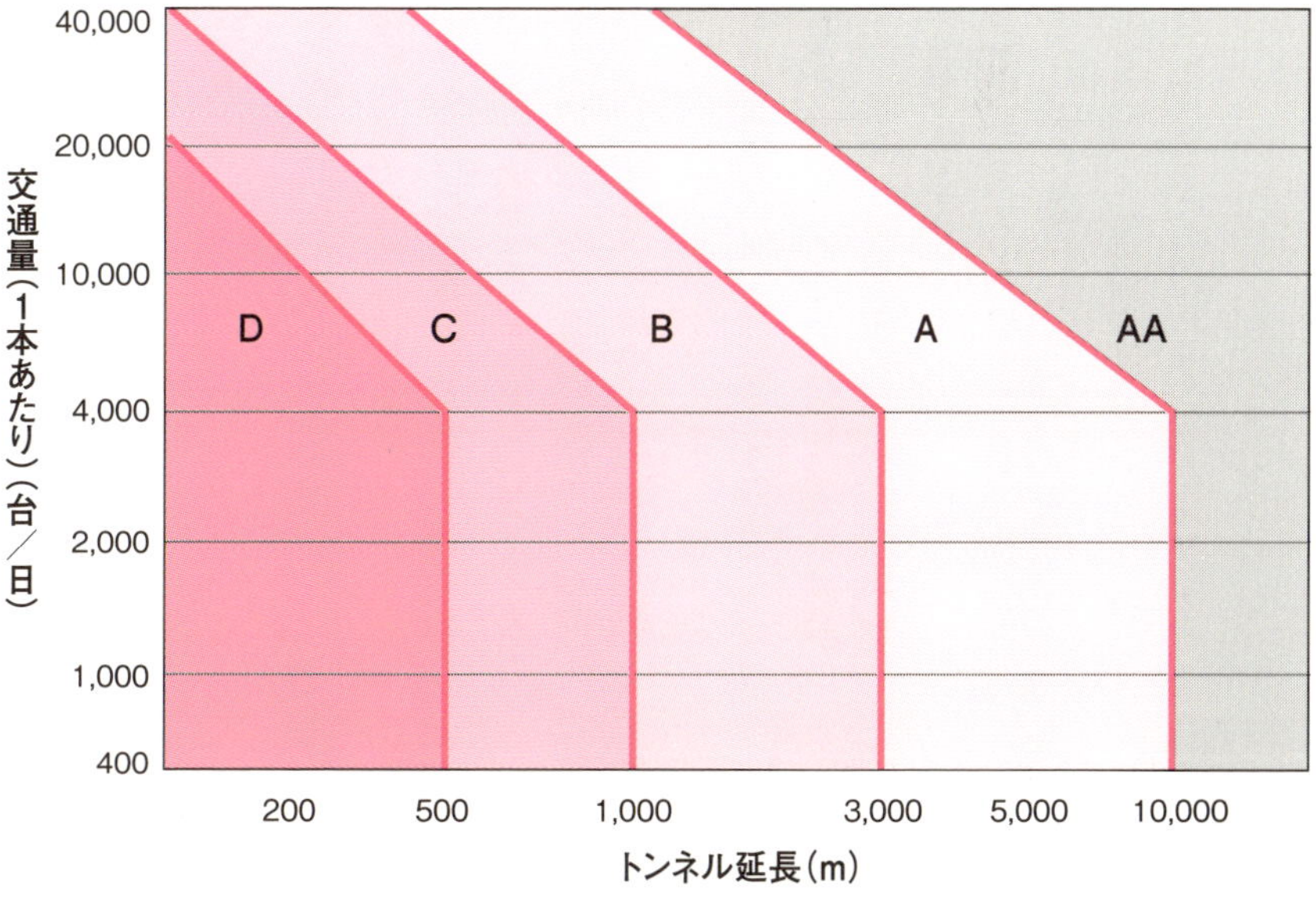

45 トンネル火災発生、どうやって逃げる？

避難の方式

ここでは道路トンネルを例に火災発生時の消火設備や消火方法、そして避難の仕方について紹介します。44で示したように、道路トンネルではトンネル等級に応じて設置すべき設備が基本的には決まります。設備は前表に示すとおりですが、比較的最近できた首都高速道路中央環状線「山手トンネル」には、どこで火災が発生しても迅速に対応できるよう設備が一定間隔で設置されています（表）。また、飛騨トンネルをはじめ多くの高等級トンネルでは、水噴霧装置がトンネル上方に数m間隔で設置されています。火災発生時にはこの装置により霧状に噴霧して燃焼体の温度を低下させます。

では、避難はどのようにするのでしょうか。とくに長いトンネルでは避難方法を知っているのと知らないのとでは大違いです。

避難方式は大きく分けて二つあります。一つは「水平避難方式」という方法で、発災トンネルから非発災空間へ水平移動で避難する方法です。長いトンネルでは500m前後の間隔で避難連絡坑が設けられており、まず扉を開けてから避難連絡坑を通って別のトンネルあるいは避難坑に避難することができます。距離はありますが水平移動ですので避難効率は比較的高いです。もう一つは「床板下避難方式」です。下図は東京湾アクアラインの例です。こちらは、発災トンネル内の床板下へ滑り台を利用して避難する方法です。滑り台を利用しますから、滑る人の間隔を空けなければならないこと、また、滑り台の空間が狭いことから避難効率はやや低下します。

火災時のこれらの対策はもちろん安全を完全に保障するものではありませんが、トンネル内にこのような施設があることを知っているのと知らないのとでは、実際に火災事故に遭った際の対応に大きな差が出ることでしょう。

要点BOX

- トンネル上部には水噴霧装置
- トンネルとは別の避難用トンネルがある
- 水平避難方式と床板下避難方式

火災が発生したときに活躍する設備と設置間隔（山手トンネル）

設 備	設備間隔
火災報知器	約25m
消化器・泡消火栓	約50m
押ボタン式通報装置	約50m
テレビカメラ	約100m
非常電話	約100m
拡声放送スピーカー	約200m
非常口	約350m

水平避難方式

床板下避難方式（東京湾アクアライン）

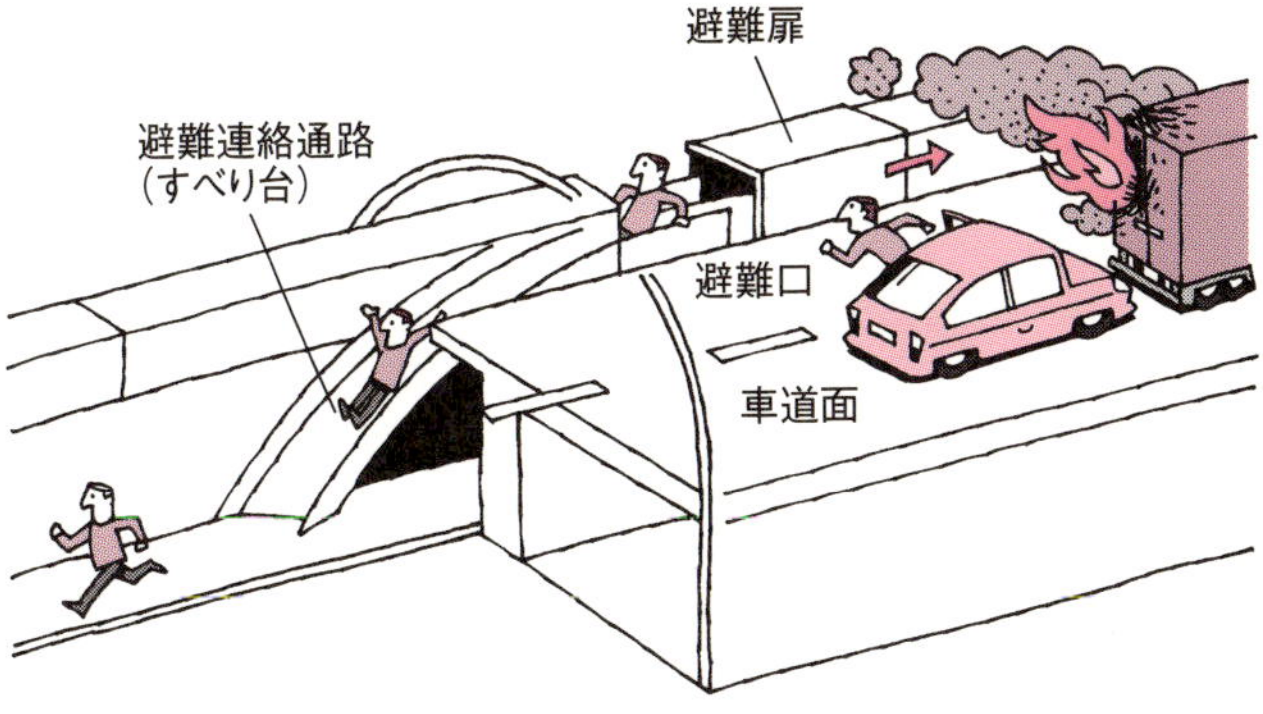

46 アンダーパス道路の冠水対策

危険箇所を確認しておくことが重要

　都市域では、鉄道と道路の平面交差により慢性的に渋滞する箇所が多く見られます。その対策に立体交差化があり、鉄道下に道路トンネルを掘る、つまり鉄道の下を横断するアンダーパスの道路を造ることもあります。しかし、ひとたび豪雨に見舞われると、アンダーパス部に一挙に水が流入し、通行中の人や車が水没（冠水）し人的被害が生じることがあります。最近では異常な集中豪雨が多いことから、冠水する可能性があるアンダーパス部における事故防止を図るためソフト面およびハード面で色々な対策が講じられています。

　ソフト面の対策として、「道路冠水注意箇所マップ」があります。例えば、国土交通省関東地方整備局では関東地域の各都県について「道路冠水注意箇所マップ」をとりまとめ、アンダーパスの構造となっている箇所を地図上に表示しています。上図のように、東京都内だけでも133箇所のアンダーパス部があることがわかります。また、このマップには地図だけではなく地先《じさき》名や通称名のリストも付いているのでより詳細に確認することができます。このマップを利用すれば、日頃よく利用する道路でのアンダーパス部を確認しておくことができます。

　ハード面の対策ですが、特別ものすごい容量の排水ポンプを備えているとか、水が流入したら一気に別の場所へ放水する施設などがあるわけではありません。アンダーパス部ではもちろん雨水を排水するためのポンプなどの施設を設置していますが、それらの排水能力を超えた場合には、どうしてもアンダーパス部に水がたまります。その場合には、冠水情報や異常豪雨時の走行注意を促す情報などを示す装置・施設を設置するとともに、パトロールを強化するなどの対策を講じています。もちろん、このような対策も絶対ではありません。やはり豪雨時には通行しないよう心がけましょう。

要点BOX

- 豪雨時には冠水しやすい
- 道路冠水注意箇所マップで確認
- 豪雨時には無理せず通らないこと

アンダーパス部の道路冠水注意箇所マップ（東京都）

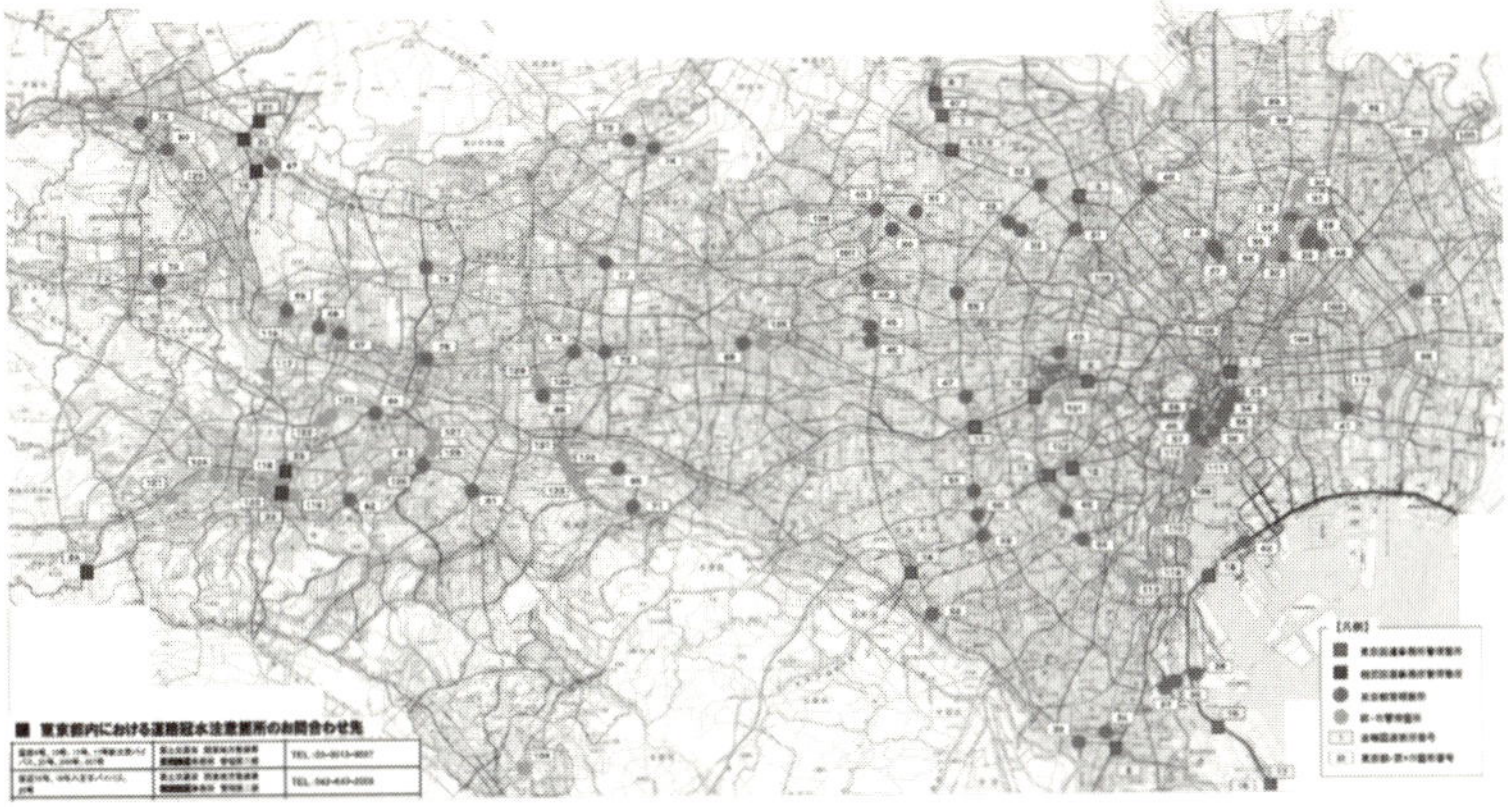

国、東京都、市区町村管理の道路あわせて133箇所のアンダーパス部がある。これら以外でも、雨水の局地的集中により予期せぬ箇所でも道路が冠水する恐れがある。

出典：国交省関東地方整備局 平成28年9月2日 記者発表資料

冠水対策の例

アンダー手前に冠水情報を提供する電光掲示板設置

冠水時には電光掲示板で注意喚起を行う。

豪雨時の走行注意喚起の標識設置

溜まった雨水を排水溝へ流す緊急作業

出典：国交省関東地方整備局 平成28年9月2日 記者発表資料、一部改変

47 地下鉄における浸水対策

地下に水が流入しないための様々な取り組み

平成27年9月の関東・東北豪雨では各地に大きな被害をもたらしました。国では「施設では防ぎきれない大洪水は発生するもの」との考えに立ち、ソフト・ハード両面の取り組みを国管理河川を中心に進めてきました。法律では水防法によって、「逃げ遅れゼロ」、「社会経済被害の最小化」の実現を目指して、多様な関係者の連携体制の構築と既存資源の最大活用を図ることとしています。

東京メトロでも少し前の事例ですが、浸水被害に遭っています。例えば、1993年8月の台風11号では、銀座線虎ノ門駅から赤坂見附駅間で、溜池山王駅設置に伴う大規模改良工事を行っていたところ、その工事区域から雨水が浸入しました。また、その約5年後には、工事中の銀座線溜池山王駅や半蔵門線渋谷駅、建設中の南北線麻布十番駅でも浸水しています。これが営業時間内であれば、大きな人的かつ経済的損失が生じかねません。

そこで、東京メトロでは堤防による高潮や洪水からの保護を前提に、集中豪雨などによる内部河川氾濫などから地下鉄構内を守ることを目的として次のような対策を講じています。例えば、

①駅出入口には止水板や防水扉を設置する
②換気口には浸水防止機を設置する
③坑口には防水壁や坑口防水ゲートを設置する

駅の出入口には、止水板が設けられている箇所があります。35㎝の高さの止水板を2枚重ね、最大で70㎝まで対応できるようにしています。換気口には歩道に金網のグレーチングを施して換気に利用しているタイプのものに浸水防止機を配備しています。この浸水防止機は2mの浸水まで耐えられますが、予想浸水深2mを超えるところには、水深6m対応の新型浸水防止機を順次設置しています。坑口については防水壁に加え、トンネル内に防水ゲートを設置することも増えてきています。

要点BOX

- ●水防法による各団体との連携体制
- ●東京メトロの例
- ●止水板、防水ゲートなど様々

東京メトロの浸水対策

①駅出入口の浸水対策

②換気口・換気塔の浸水対策

換気口浸水防止機

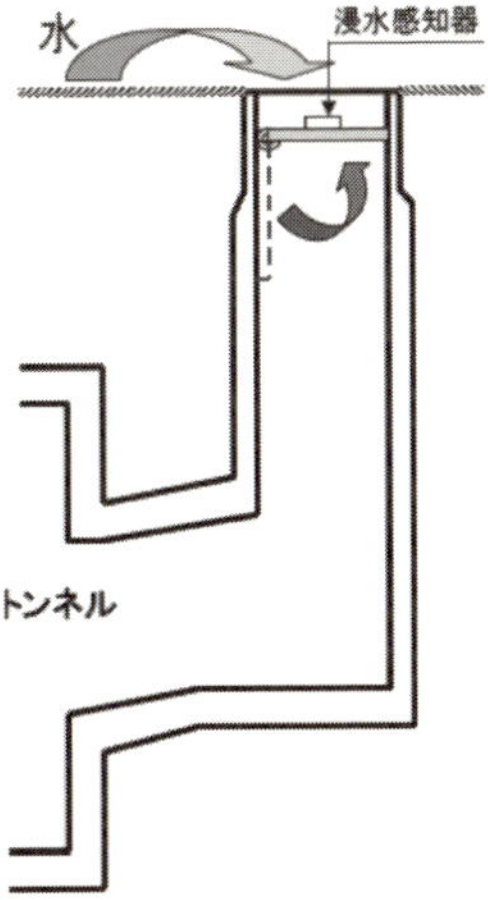

換気口

換気塔

③坑口の浸水対策

防水壁内側

防水壁外側

出典：「大規模水害対策に関する専門調査会報告」（第4回）中央防災会議の資料をもとに作成

48 トンネルは地震に強いのか？

地下構造物の地震時特性

橋などの地上構造物とトンネルなどの地下構造物では地震時の揺れ方が異なります。

人が乗っているブランコを押して揺らす時、ブランコが前に揺れるたびに押してやると、ブランコはしだいに大きく揺れるようになります。これは、ブランコの振動数とブランコを押す回数が同じになったことが要因です。これを共振現象と言います。このように地上構造物は構造物の持っている振動数と、構造物に作用する地震動の振動数が一致し共振現象を起こすことは珍しくありません。地表の揺れの2倍以上の揺れを示すこともあります。

一方、トンネルなどの地下構造物は、地下構造物が構築された空間の土や岩が排除されたため、その分の重量が周辺の山や地盤よりも軽くなります。また、山や地盤は地下構造物の共振を抑える働き（減衰）をすることから、地下構造物が地震時に共振現象を示すことはほとんどありません。

とは言え、地震被害がいくつか報告されています。

山岳トンネルは、山自体の地形や地質が様々です。中でも地震被害を受けやすい箇所として、土被りの小さい箇所、周りと比べて脆弱な地質箇所、そして断層の3箇所が指摘されています（図）。

また、地震被害事例分析結果によれば、

・地震規模が大きいほど、また、震源からの距離が近いほど被害を受けやすい。

・トンネルは一般的に耐震性に富む構造物であるが、一度被災すると復旧に時間を要する。

などと報告されています。

開削トンネルは、地表近くに建設される、浅い箇所は地盤が軟らかい、断面が長方形でせん断変形しやすいなど、他の工法と比較して多くの被害が報告されています。シールドトンネルは、断面が円形であり、また、セグメントが継手で連結されているため地盤の揺れに柔軟に対応できるなど耐震上有利な構造です。

要点BOX

- ●地上構造物とは揺れ方が違う
- ●耐震性は地形・地質・構造要因
- ●地震被害を受けると復旧に時間を要す

山岳トンネルの地震被害

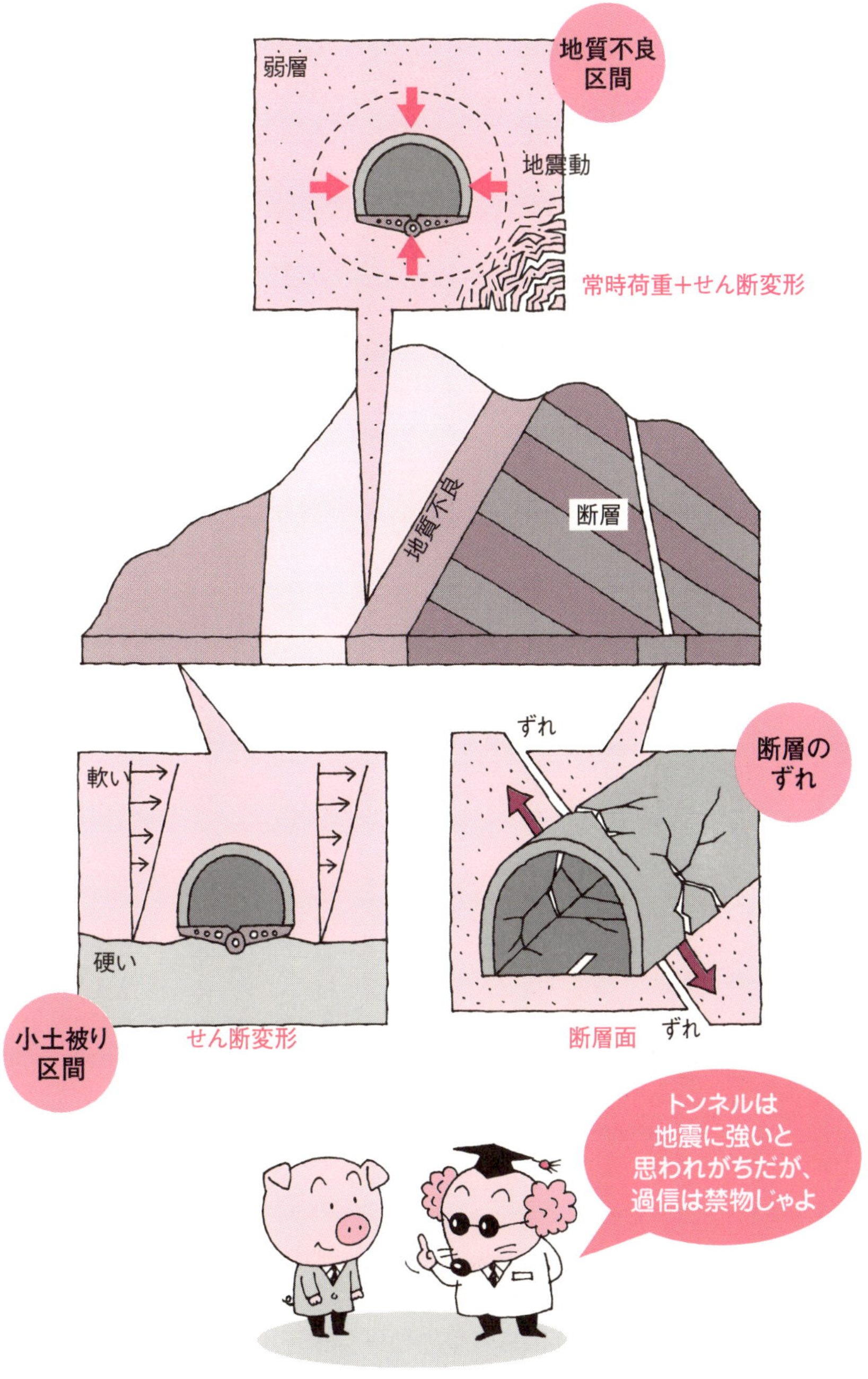

49 地震に備えるトンネルの工夫

想定外に備える

48でトンネルなどの地下構造物が地上構造物に比べて地震に対して有利であることを述べました。しかしもちろん、まったく被害がないわけではありません。昨今言われるようになった〝想定外〟に備えるためにも、トンネルにも様々な工夫が施されています。

山岳トンネルでは、２００４年に発生した新潟県中越地震により上越新幹線・魚沼トンネルでトンネル覆工の崩落がありました。これだけでなく、トンネル覆工の崩壊も少なからず報告されていますので、近年では地震被害の生じやすい箇所などではトンネル覆工に鉄筋を入れて耐震性を高める事例も増えています。また、山岳トンネルでは坑口部の斜面不安定化が多く見られます。このことから、坑口位置の選定や坑口部の斜面対策には十分注意を払うようになっています。

開削トンネルは、他のトンネルと比較して地震による被害が多く報告されています。例えば、１９９５年の兵庫県南部地震では、神戸高速鉄道東西線・大開駅の駅部の中柱が破壊され地表にまで影響が及びました。そのため、中柱を丈夫にして耐震強化したり、最近では開削トンネルの周囲に緩衝材を設置したりするなどが試みられるようになりました。開削トンネルは比較的地表近くに建設されることから、液状化が懸念されるところではその対策も検討されます。

シールドトンネルは兵庫県南部地震での被害が報告されています。例えば、トンネルと立坑との接続部、トンネルの構造変化部あるいは2次覆工の一部にクラックが発生し漏水が見られました。幸い、大きな被害にはなりませんでしたが、トンネルと立坑との接続部や構造変化部では変形のしやすさが異なる箇所となりますので、地震時にはそこに被害が集中することが懸念されます。したがって、そのような箇所にはたわみやすい性質を有するゴムを配した可撓性《かとうせい》セグメントなどの対策も試みられています。

要点BOX

- ●山岳トンネルでは斜面対策も
- ●開削トンネルでは液状化対策も
- ●シールドトンネルでは立坑との接続部を

兵庫県南部地震による大開駅の地震被害の様子

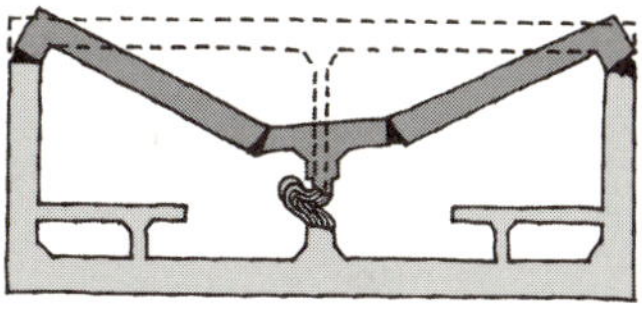

可撓性セグメントの例

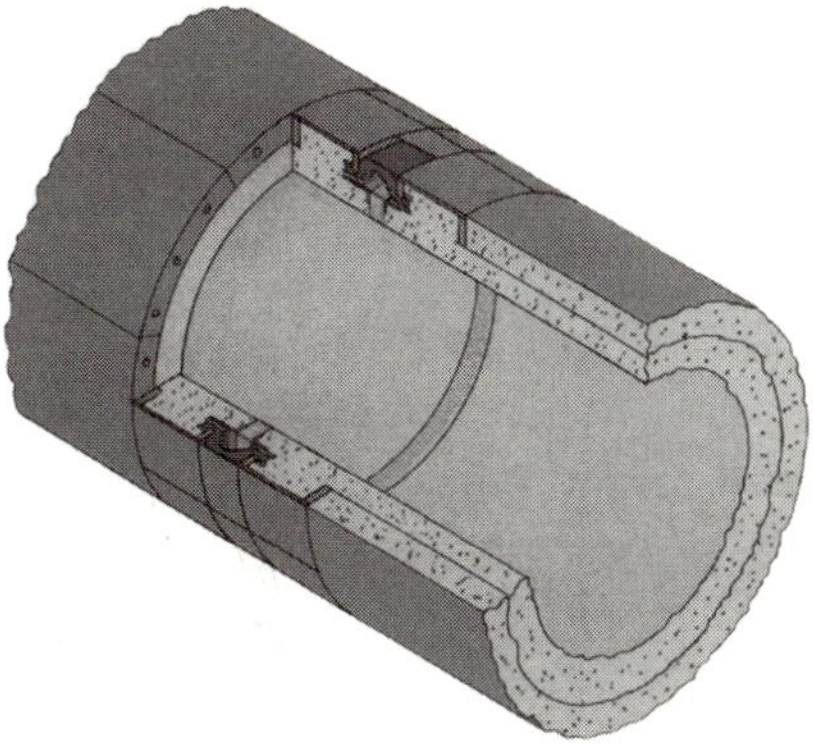

50 トンネルと液状化

発生のメカニズム

地震などの振動により地盤が液体のような状態になることを液状化現象(soil liquefaction)と言います。液状化の発生条件は限られているため、どの場所でも発生するわけではありません。埋立地や海岸に近いなど、水が多い砂地では発生しやすいのですが、山の中の岩盤が多いところなどでは発生しにくいです。河口の三角州など軟弱な砂質地盤に地震が発生すると、運動する砂質粒子の相互間の摩擦力が減少し、一時的に地盤全体の支持力が見かけ上なくなり、あたかも液体のように流動化します。クイックサンド(quick sand)現象とも言います。

quickはslowの対義語で、「はやい」という意味がよく知られていますが、もともと古英語で「固いものが、柔らかくなる」という意味です。同じ用法で、水銀のことをquick silver(一般にはmercury)、生石灰のことを、quick limeと言います。また、the quick and the dead(生者と死者)という表現もあります。ここでのquickはliveと同義で、「生きている、動いている砂」という意味です。

液状化が起きる条件がそろいやすいのは、埋め立て地や沖積平野、河道・沼地跡などであり、そういう場所にはそもそもトンネルはあまり建造しません。ただし、交通上の必要に迫られて、地下鉄や地下道、埋め立て地同士を結ぶ沈埋《ちんまい》トンネル(40)などはあります。これらは様々な地盤改良工事などで、液状化が起こりにくくしたり、たとえ起きても影響を受けにくくするなどの対策が行われています。

なお、液状化が起きていなくても、地下の空間は地下水水位の上昇などで、浮かび上がろうとする力(浮力)が働くことがあります。近年、東京では地下水の取水制限の影響で地下水水位が上昇し、地下駅や地下トンネルなどで問題が起きています。東京駅や上野駅地下駅では、重りのアンカーを打つなどの対策がとられています。

要点BOX

- 埋立地や海岸などで起きやすい
- 発生しやすい場所のトンネル建造は避けられる
- 沈埋トンネルなどが造られる

遮断壁を利用した地震時影響化対策工法の効果原理

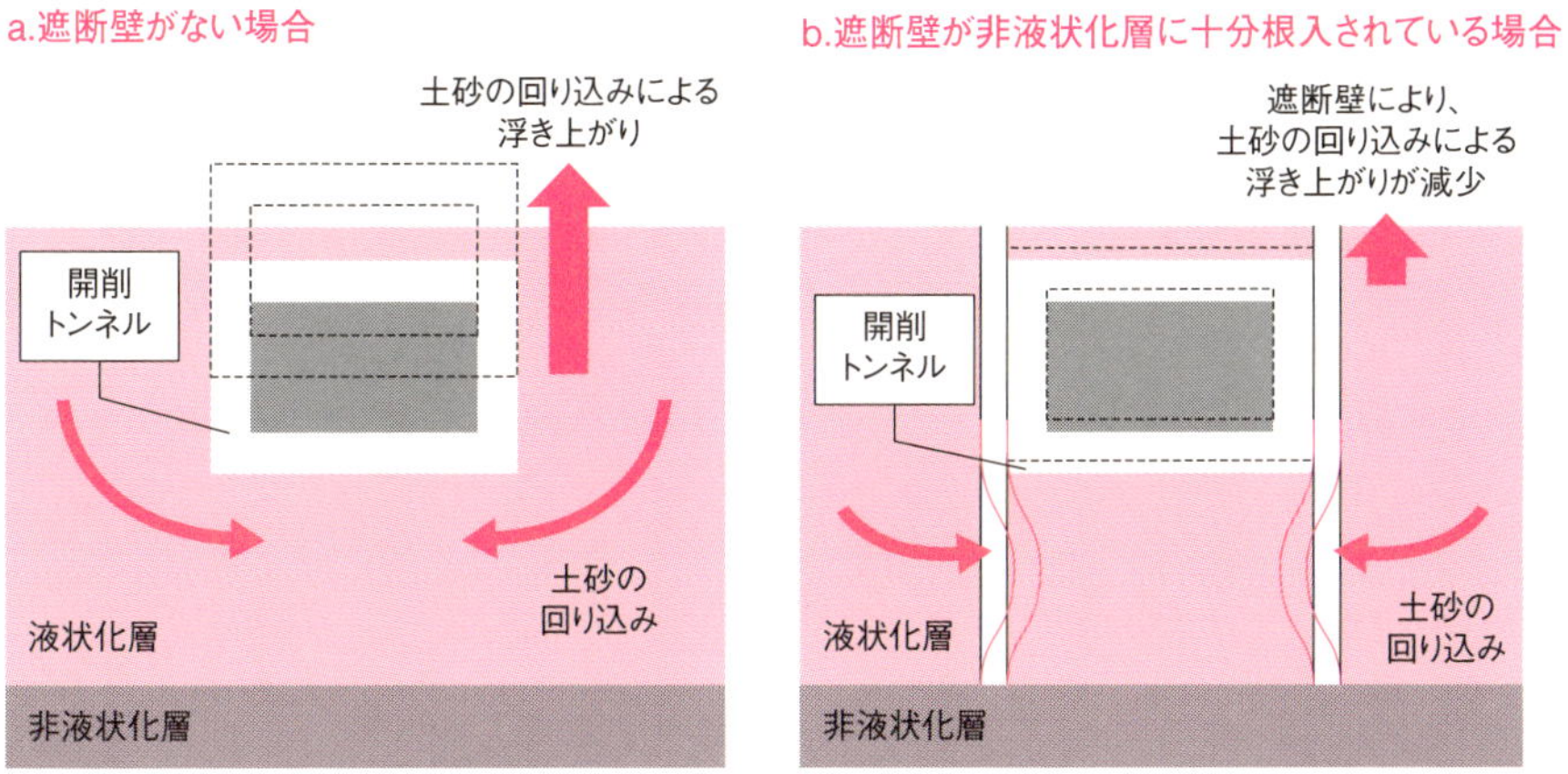

a.遮断壁がない場合

b.遮断壁が非液状化層に十分根入されている場合

※地下構造物の浮き上がり防止方法の基本概念に関しては、清水建設株式会社が特許権を有しています。

液状化のメカニズム

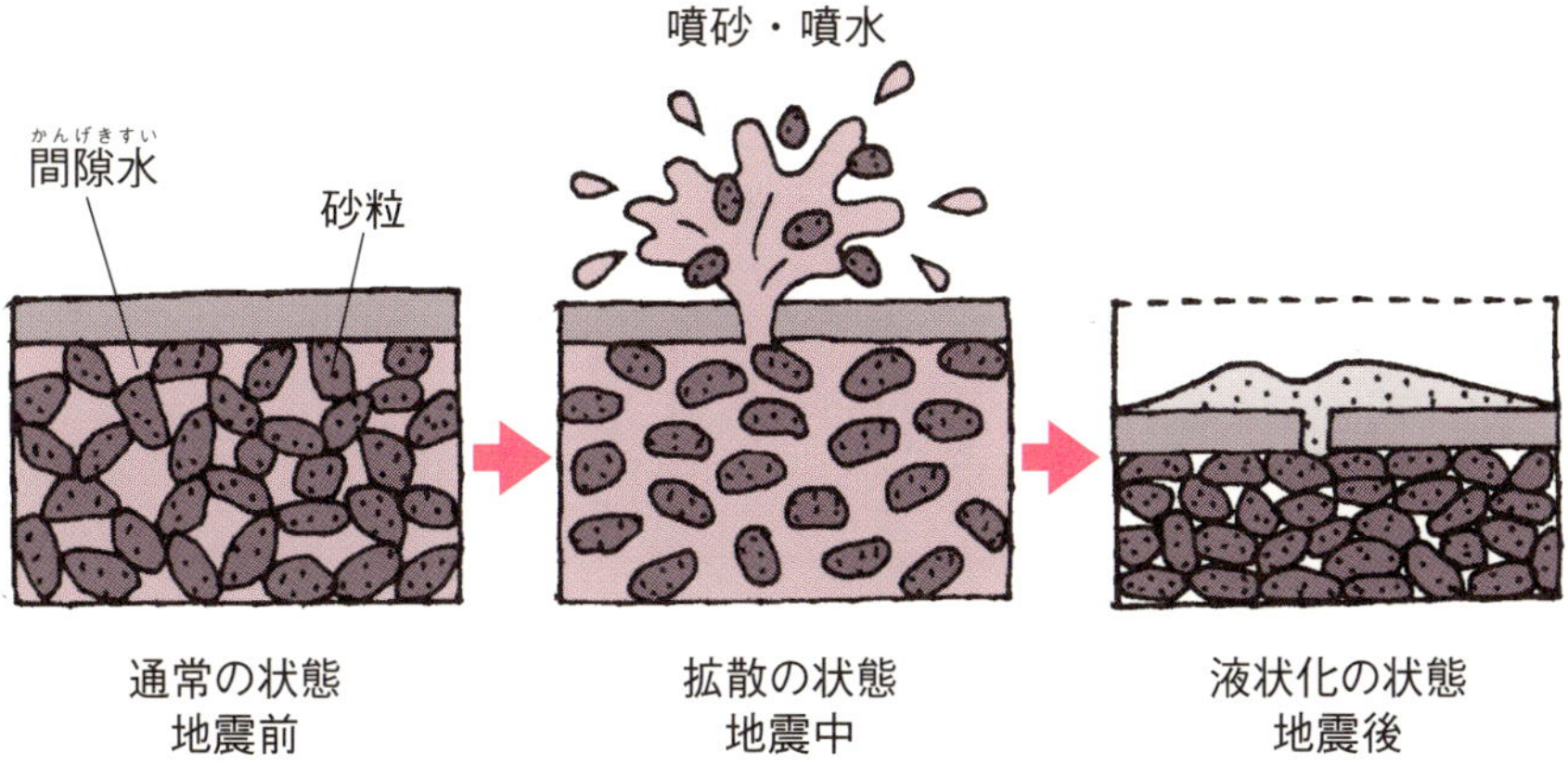

通常の状態
地震前
拡散の状態
地震中
液状化の状態
地震後

51 水害を低減するトンネル

神田川・環状七号線地下調節池

　東京都を流れる川の一つに神田川があります。神田川は三鷹市の井の頭池に源を発し、途中、善福寺川、妙正寺川を合わせ、新宿・豊島・文京の区境を東流し、さらに水道橋駅付近で日本橋川を分派したのち隅田川に注ぐ延長24・6㎞の一級河川です。本川の流域は、杉並区、中野区及び新宿区など2市13区に及び、区部を流れる中小河川の中では最大の流域面積１０５㎢を有しています。神田川は、流域の都市化・住宅地化にともなって保水・遊水機能が失われたために雨が降ると急激に増水ししばしば氾濫しました。そこで洪水対策のために建設されたのが神田川・環状七号線地下調節池です。

　この調節池は、水害が多発した神田川中流域の水害に対する安全度を早期に向上させるため、環状七号線の道路下に延長4.5㎞、内径12・5mのトンネルを建設し、神田川、善福寺川および妙正寺川の洪水約54万㎥を貯留する施設です。

　この調節池は施設の規模が大きく、全体の完成には相当の時間を要します。ただ早期に事業効果を発揮させるため、第一期と第二期に事業を分割して整備しました。できた区間から運用されています。

　この地下調節池は泥水式シールド工法で建設されました。第一期の調節池は34〜43mの深さにあり、トンネルの内径は12・5mにもなります。この事業によって、平成16年・台風22号による浸水家屋戸数が、同5年・台風11号のそれに比べて約98％減となりました。

　東京の治水計画は、現在1時間あたり50㎜の降雨で計画されています。しかし、最近では1時間あたり１００㎜という猛烈な降雨も経験しました。したがって、地下施設が水没する事故も発生しています。このことから、東京都では1時間あたり75㎜の降雨でも対処できるような河川整備を計画しており、その一環として神田川・環状七号線地下調節池関連の工事が続いています。

要点BOX

- 大水深下に直径10m超のトンネル
- 洪水が起きる前に水を一次貯留
- まだまだ建設は続く

施設概要

	全体	第一期事業	第二期事業
貯留量	54万m^3	24万m^3	30万m^3
トンネル延長	4.5km	2.0km	2.5km
トンネル内径	12.5m		
取水施設	3箇所	神田川	善福寺川
			妙正寺川

出典：東京都建設局「神田川・環状七号線地下調節池」パンフレットをもとに作成

地下調節池の縦断図

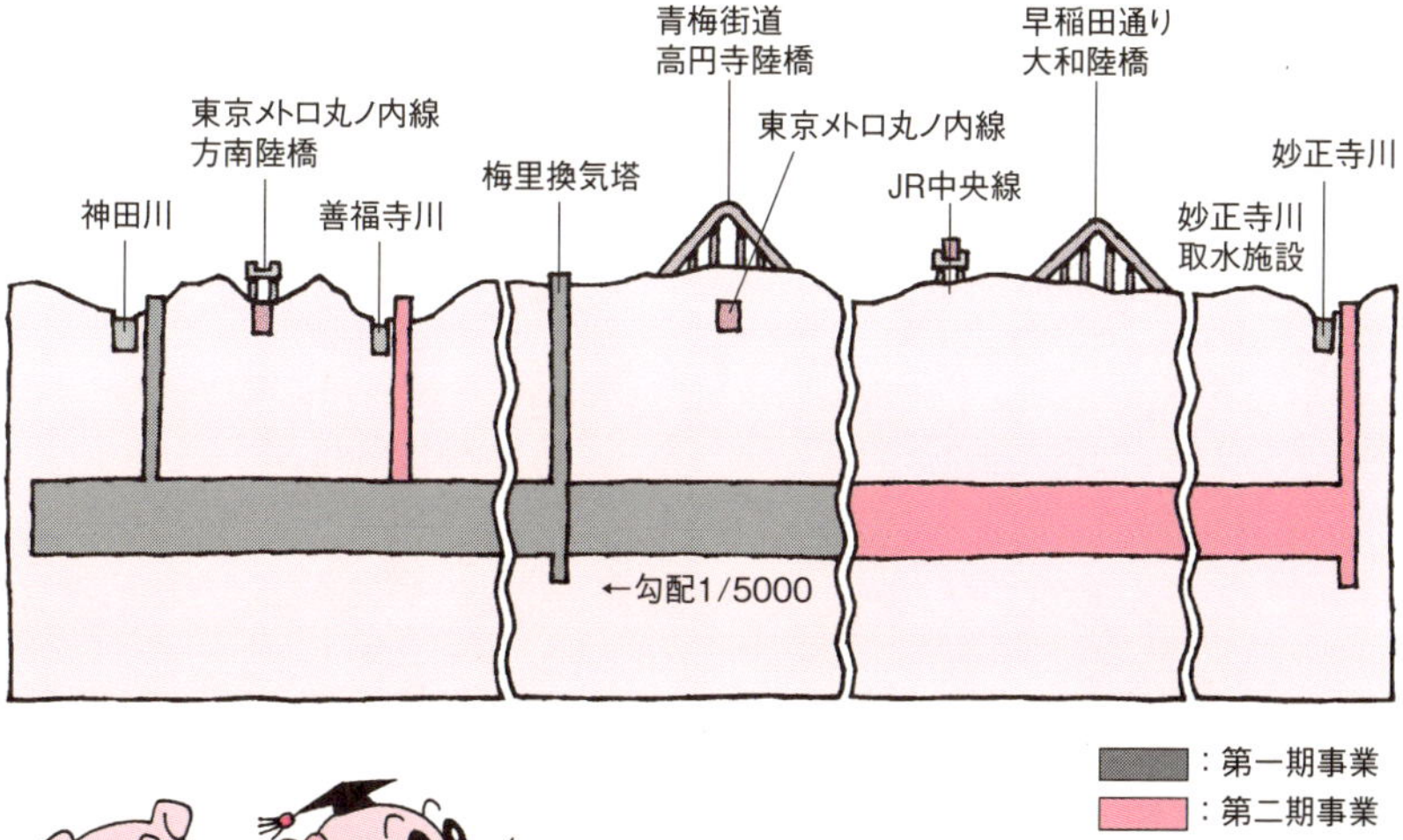

出典：東京都建設局「神田川・環状七号線地下調節池」のパンフレットをもとに作成

52 トンネル内をきれいな空気に①

ジェットファンによる送排気

長い道路トンネルでは、その内部の天井付近に巨大な扇風機のようなものがあります。これは、ジェットファンと呼ばれる換気装置です。

ジェットファンの役割は主に三つあります。

一つは外部から新鮮な空気を取り入れ、車両の排気ガスを外部に押し流すこと。二つ目は外部から取り入れた新鮮な空気を流して、二酸化炭素などの濃度を低下させることです。

自動車の排気ガスに含まれる有害物質は、トンネルという空気の流れの少ないほぼ密閉空間で蓄積すると濃度が増し、健康被害の恐れがあります。そこでジェットファンを用いて空気を車両の進行方向に流して有害物質の濃度を高めないようにします。

三つ目は視界の確保です。トンネル内の有害物質の濃度が高くなると、視界の低下をもたらします。それにより道路上の落下物などの確認ができず、重大事故につながりかねません。ちなみにトンネル内の視界の確保は55の照明も役立ちます。

ジェットファンの設置箇所や個数は道路の勾配などの諸条件が関係します。トンネル内でアクセルを踏み込む必要がある箇所ほど、有害物質が発生しやすく、そのような箇所は間隔を狭くして設置します。反対にアクセルを踏み込まなくてもよい箇所などでは、設置間隔を広くできます。

ジェットファン「高風速型F−６００X」の大きさは、口径６００㎜×全長３０００㎜×外径８００㎜ですが、平均風速は35m／秒にもなります。自動車や列車が横倒しになる程の威力です。ただ、ジェットファンの場合は、走行する車両が生み出す送風効果もあって、ある程度の換気が確保されていますので、それほどの風力は発生していません。反対に渋滞など車両のスピードが低下し、換気の効率も落ちた際に、ファンがたくさん仕事をするようになっています。

要点BOX

- ●ファンで新鮮な空気を入れ汚れた空気を排出
- ●視界も良好に
- ●大きなものは台風並みの風力

ジェットファン

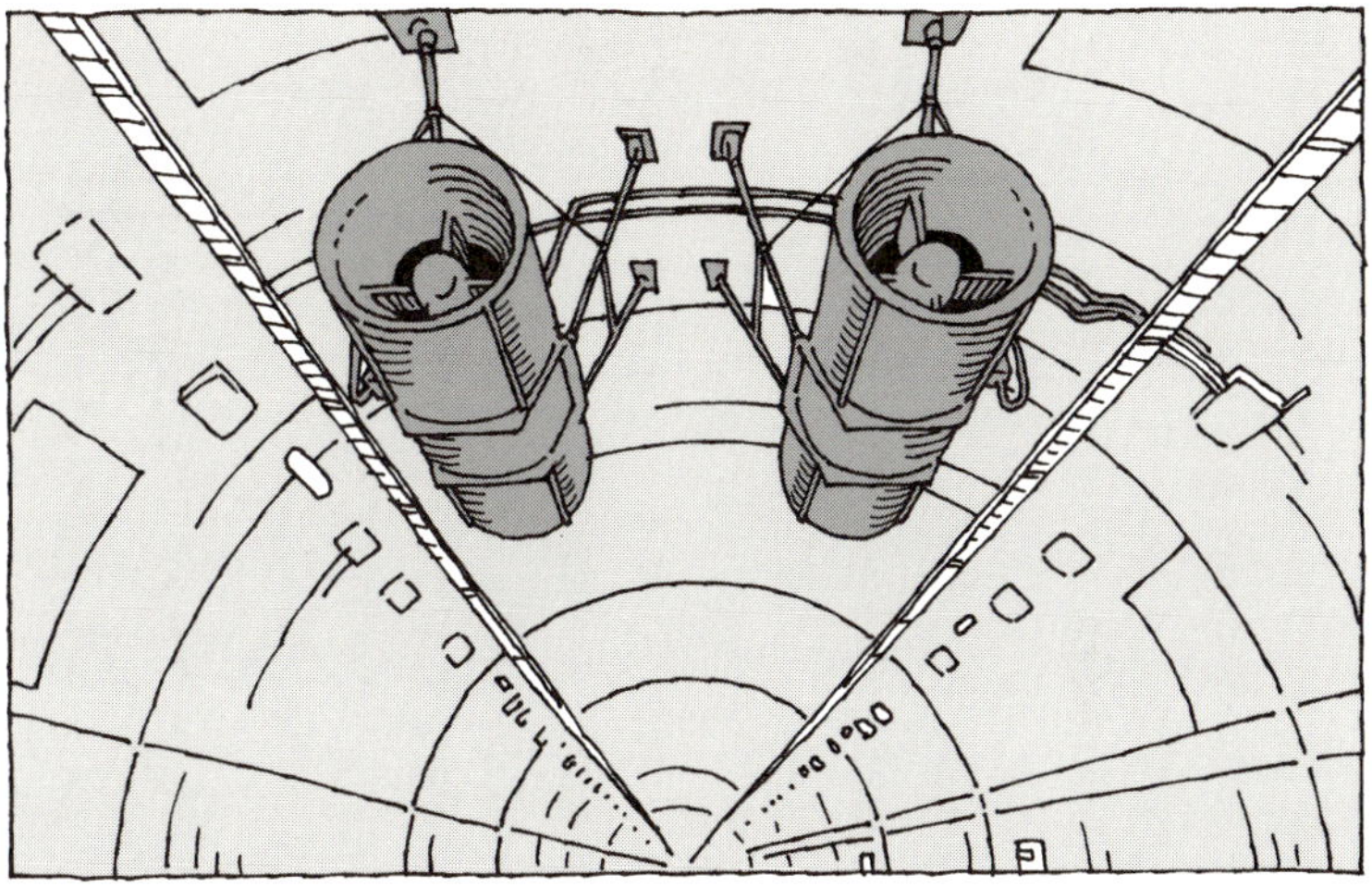

ジェットファンは一機だけでも強力で、台風並みの風力を発生させることができます。

換気装置がなかったら…

53 トンネル内の空気をきれいに②

まだまだある換気方法

52では換気装置の一つとしてジェットファンを紹介しました。この装置は、機械換気に分類される換気方法の一つです。機械換気とは何らかの機械設備を用いて強制的に換気をする方法です。換気方法にはもう一つ自然換気と呼ばれる方法があります。自然換気は、自動車交通により発生する空気の流れ（交通換気）やトンネルそのものを抜ける風（自然風）を利用して換気を行う方法です。比較的短いトンネルであれば自然換気で十分です。また、トンネルが対面交通でなく一方向交通であれば、自然換気による換気効果は高くなります。

換気方法だけでなく換気方式の分類もあります。換気方式には大きく分けて二つあります。縦流換気方式と横流換気方式です。両者の中間的な性質や特徴を有する半横流換気方式を含めれば3種類です。まず横流換気方式について、首都高速道路中央環状線「山手トンネル」を例に見てみましょう（図）。横流換気方式は、車道内の空気の流れがトンネルを横断する方向になります。山手トンネルではトンネルの床下部を仕切って送気ダクトと排気ダクトを分け、送気ダクトを通る新鮮な空気は送気口から車道に供給され、汚れた空気は排気口から取り込まれて排気ダクトを通っていきます。この方式の長所は、トンネル延長や交通量、自然風に影響されず安定していることです。一方、短所は、送排気の換気機が別々となってコスト面で不利となることです。

縦流換気方式は、車道内の空気の流れがトンネルの進行方向つまり縦断方向になります。したがって、ジェットファンで空気の流れを強制的に作る場合もこの方式です。この方式の長所は、換気ダクトが不要であることやダクトを設置する必要がないためトンネル断面を小さくできることです。一方、短所は、交通量に依存するため、換気力が低下する場合があることや自然風の変動を受けやすいことなどが挙げられます。

要点BOX
- ●換気方法は機械か自然か
- ●換気方式は横流式が縦流式か
- ●トンネルの長さ、断面積、交通量を考慮

山手トンネルの換気（横流方式）

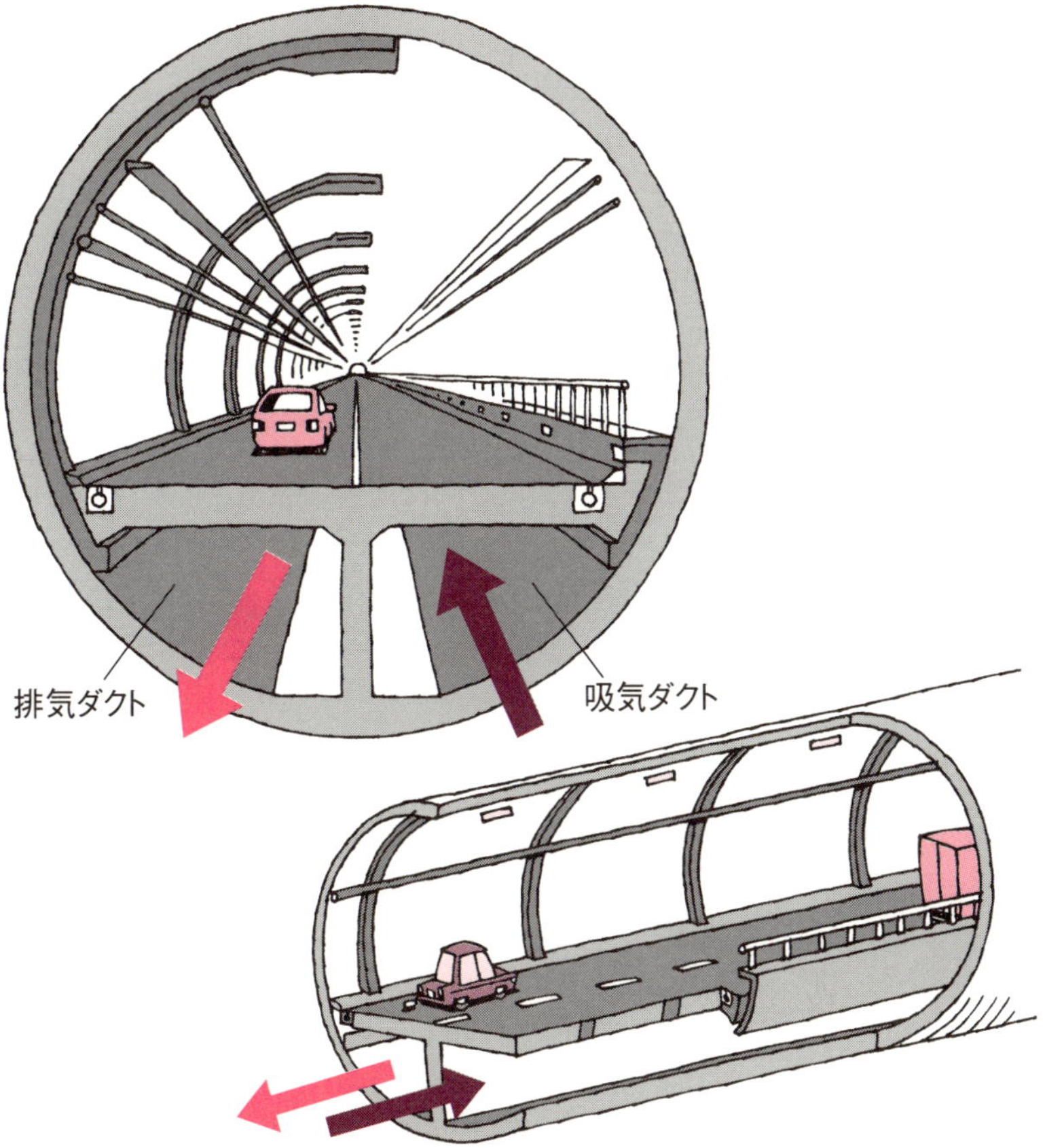

二つの換気方式

横流方式

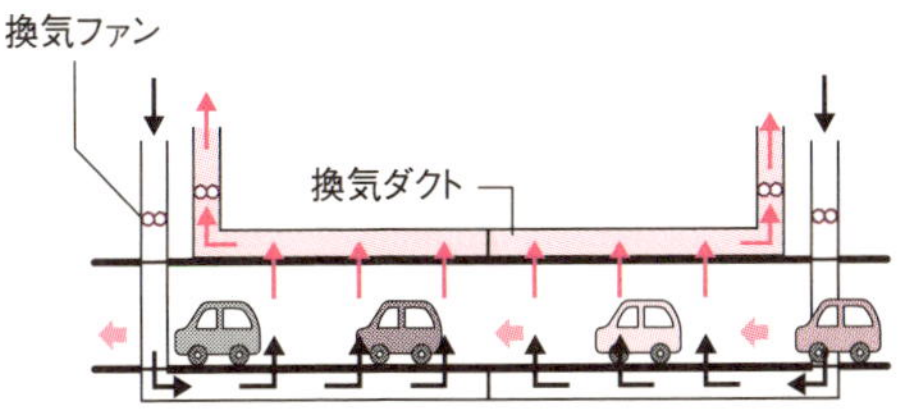

縦流方式

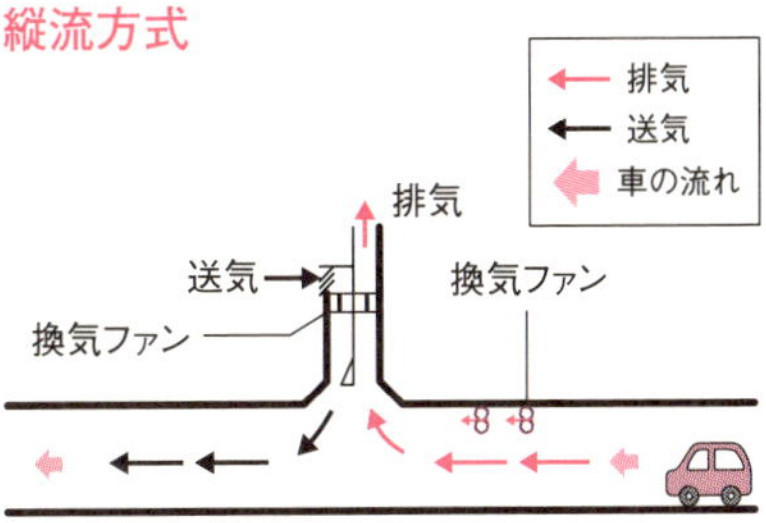

54 様々なライフラインをトンネルで管理しやすく

共同溝

わたしたちの生活に欠かせない水、電気、ガス、通信などのライフラインの多くは地下を利用しています。これまでは、様々なライフラインを地下に敷設するために各ライフラインごとに公共道路の下にトンネルを掘っていました。しかし、これでは修理や交換のために掘り返しが多くなり交通に支障をきたすことが多くなります。そこで、全てのライフラインを一つのトンネルの中に収めてしまう共同溝という施設が多く利用されるようになってきています。

共同溝はガス、電気、上下水道など、日常の生活に欠かせないライフラインを車道の下にまとめて収納する施設です。この共同溝を整備することにより、道路の掘り返し工事の防止、地震などの災害に強い都市づくり、ライフラインの安全性の確保、工事渋滞の軽減、環境の保全などが図られます。

共同溝の機能には主に二つあります。

まず、道路の掘り返しを減らす機能です。共同溝はライフラインをまとめて収容するので、維持・管理が容易になります。日常の作業やメンテナンス、掘り返し工事が少なくなるので、道路工事が減少し、工事渋滞も緩和されます。それに伴い、工事渋滞による排気ガスの発生も少なくなります。

もう一つは、災害からライフラインを守る機能です。平成7年の兵庫県南部地震では、一部で整備されていた共同溝内のライフライン被害は全くありませんでした。共同溝の整備を進めることで、安全・安心なライフライン網の整備を図ることが可能となります。

現在でも共同溝建設が各所に見られます。例えば、甲州街道（国道20号）の調布付近では、道路下に数kmにわたって造られ利用されています。この工事はさらに西に延びています。2020年オリンピックに向け、調布・府中間の電線類の地中化を図り、災害に強く安全で快適な道路空間を確保するとともに、都市景観を改善することを目的としています。

要点BOX

- ●ライフラインをひとまめ
- ●道路の掘り返しを減らす
- ●災害からライフラインを守る

共同溝の整備

ビフォー

道路や歩道の地下にライフラインが個別に埋められているため掘り返し工事で渋滞がひき起こされる。

アフター

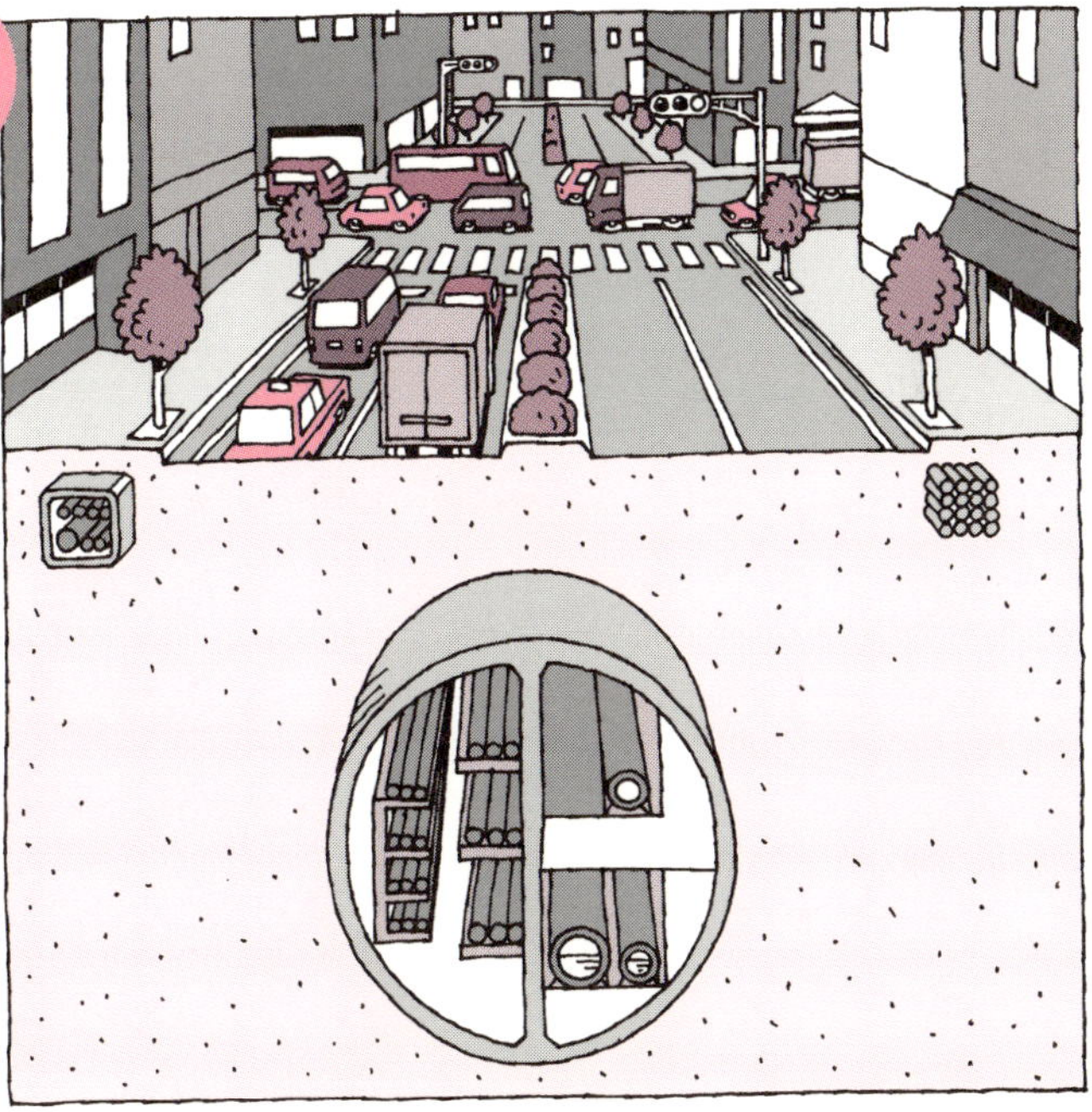

ライフラインを共同溝にまとめて収容することで、維持管理が簡単に行え、掘り返しもなくなる。

出典：国交省関東地方整備局・東京国道事務所Webサイトをもとに作成

55 トンネル内の視界も良好に

晴れた日の運転中、高速道路のトンネルに入った瞬間、視界が真っ暗になったことはありませんか。これは、人間の目が明るいところから急に暗いところへ入り、順応するのに時間がかかるために生じる現象です。また、トンネル内は密閉されているため、排気ガスなどの空気の汚濁による自動車のライトの透過率が下がり視界の範囲が狭くなることがあります。これらの現象をできるだけ和らげるために、トンネルの照明には様々な工夫がなされています。

トンネルの照明には、入口部での運転手の目を慣らす照明とそれ以降の走行時の基本照明、出口手前で外の明るさに慣らす出口照明と、停電になった時の非常灯の停電照明があります。基本照明は、運転手がトンネルを走行中に、速度に応じて前方の障害物を確認できる時の明るさが必要です。また、平均的な路面の明るさは設計速度別に決められています。入口部照明は、明るい野外からトンネルに入る時の視界を保つために設けられた照明です。一方、出口付近では背景が明るくなってくるので道路上の落下物などを運転手が見落とす場合があります。そのため、障害物などを認識するために出口照明を設けます。

照明は、以前は橙色光のナトリウムランプが主流でした。排気ガスの中での透過率が他の光源よりよく、ランプ効率が高く省エネに寄与しているからです。ナトリウムランプは運転手が障害物を認識する時に、排気ガスの煤煙の中では適しています。しかし、ナトリウムランプは太陽の光と物体の色が異なって見えるので、トンネル内の標識関係などの塗装にも工夫がなされてます。その後、寿命の長いものや消費電力を抑えたものなどを志向する流れとなり、蛍光ランプやセラミックメタルハライドランプ、最近ではＬＥＤランプによる照明も増えてきました。これらは白色光です。

要点BOX

●人の目の光りに対する順応が関わる
●トンネル内で照明が変わる?
●橙色の光から白色光主体に

トンネル照明ランプ

	昭和40年代～	昭和50年代～	昭和60年代～	平成11年代～
低圧ナトリウム灯	N60w（140,200w） 全光束　5,000lm 平均寿命　8,000hr 総合効率　62lm/w	N35w （55,90,135,180w） 全光束　4,600lm 平均寿命　9,000hr 総合効率　92lm/w		
高圧ナトリウム灯			NHT110w （180,220w） 全光束　10,400lm 平均寿命　12,000hr 総合効率　69lm/w	
蛍光灯 （高周波点灯専用型）				Hf32w（105w） 全光束　5,400lm 平均寿命 12,000hr 総合効率　92lm/w
総合効率の比較	100%	148%	111%	148%
演色性	悪い		普通	良い
調光の可否	困難		可能	可能
再点灯時間	瞬時再点灯可能		時間を要す 両口金は、 瞬時再点灯可能	瞬時再点灯可能

対称照明とプロビーム照明

対象照明方式

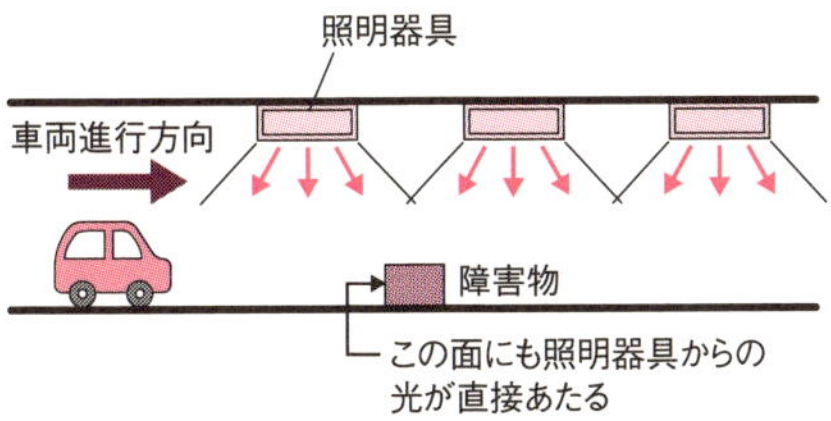

対象照明は路面と落下物が他に比べ中間の明るさで見える。

プロビーム照明方式

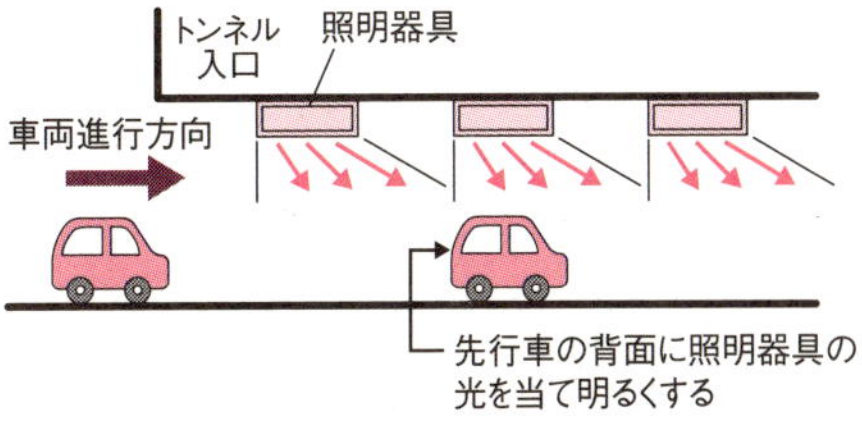

プロビーム対象照明方式は路面が暗く、落下物が明るく見える。

この他に「カウンタービーム照明方式」があります。この方式はプロビームとは反対向きの照明ですので、路面が明るく、落下物が暗く見えます。

Column

フナクイムシとシールド工法

ロンドンの南東にケント州（the county of Kent）があります。1800年の初頭、この州のチャタム造船所（Chatham Dockyard）の中を歩いていた一人の技術者が、一片の船材に目を留めました。木材の害虫、フナクイムシ（shipworm）がせっせと食い荒らしている最中。この白くて長い虫は、樫やチークのような硬い木もどんどん食い進んでしまうのです。ムシといっても、生物的分類では二枚貝の一種です。フナクイムシは、タコの吸盤のような足で体を木に固定します。そしておろし金に似た殻のふちを木に押し付け、殻を前後に動かして削り落とします。削られた木粉を体に取り入れ、消化、吸収し、液体に変えて外に出します。この技術者はフナクイムシの三つの特徴に注目しました。一つは、頑丈な殻で体を保護していること。二つ目は、穴を掘り進むとき、削り取った木粉を後へ送り出すこと。もう一つは、新しく掘った穴の側壁にすぐ体液をはることです。これらのことをヒントに技術者は、新しいトンネルの造り方を考え出し、これがシールド工法となりました。1825年からはじまったテムズ川を横切るトンネル工事で初めてこの工法が使用されました。この技術者は、M・I・ブルネル（Marc Isambard Brunel 1769-1849）。イギリス国民に愛されている技術者I・K・ブルネルの父です。

第5章

トンネルの維持管理の秘訣

56 安定性を維持する特殊な構造物

トンネル覆工コンクリートの特殊性

トンネルの覆工コンクリートがはく落することがまれにあります。はく落の原因は当時のトンネル施工方法・構造が他のコンクリート構造物とは違っていたことに起因することも一因です。ではその、施工方法・構造に着目しましょう。山岳トンネルでは、1980年代を境に覆工コンクリートの施工法や構造が違います。80年代以前の矢板工法ではトンネル横断面を上下2段に分けて施工するとともに、覆工コンクリートも上部のアーチ部と下部の側壁部の2段に分けて施工しました。また、トンネル進行方向にはトンネル内側に型枠を設けたり、コンクリート打設箇所を小分けにしたりしていました。したがって、打ち継ぎ目の多い覆工コンクリートとなります。

一方、80年代以降はNATM《ナトム》により施工され、それとともに覆工コンクリートの施工法や構造も大きく様変わりしました。変わった一つは、アーチ部と側壁部が連続した一体のコンクリートを打設できるようになったことです。トンネル横断面には打ち継ぎ目という不連続面が少なくなり、はく落発生要因の一つの弱点が解消されました。また、コンクリートの打ち込み方法は、コンクリートを分離させない高性能のポンプで連続的に打設できるようになりました。トンネル型枠の側壁部に複数のコンクリート投入口を設け、ここからコンクリートを連続して打ち込み、振動バイブレータで締め固めることによりコールドジョイントのない連続した覆工コンクリートが施工できます。このことからもはく落要因は解消されました。

とは言え、他の一般的なコンクリート構造物とは異なることが指摘されています。**中図**に示すように、山岳トンネルでは一般に、厚さ40㎝ほどで長さ10mほどの大きな円筒形コンクリート構造です。それにもかかわらず鉄筋が入っていません。これは、構造上、周りからの圧力が作用しても、覆工にはさほど引張が作用しないためです。

要点BOX

- 1980年代を境に施工法・構造が異なる
- コンクリートの打継ぎ目がなくなる?
- 大規模構造物でも鉄筋がない?

矢板工法時代のトンネル断面の例

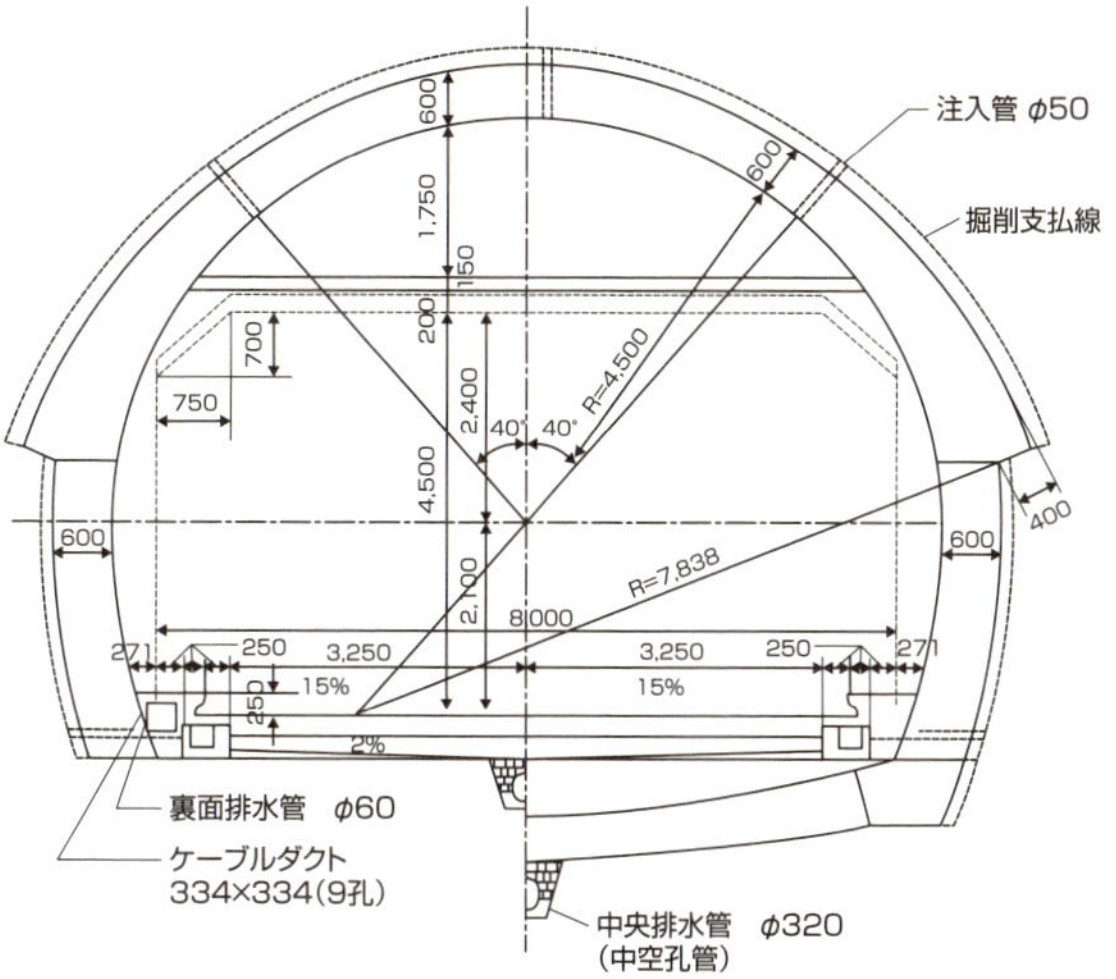

NATMにおけるトンネル覆工

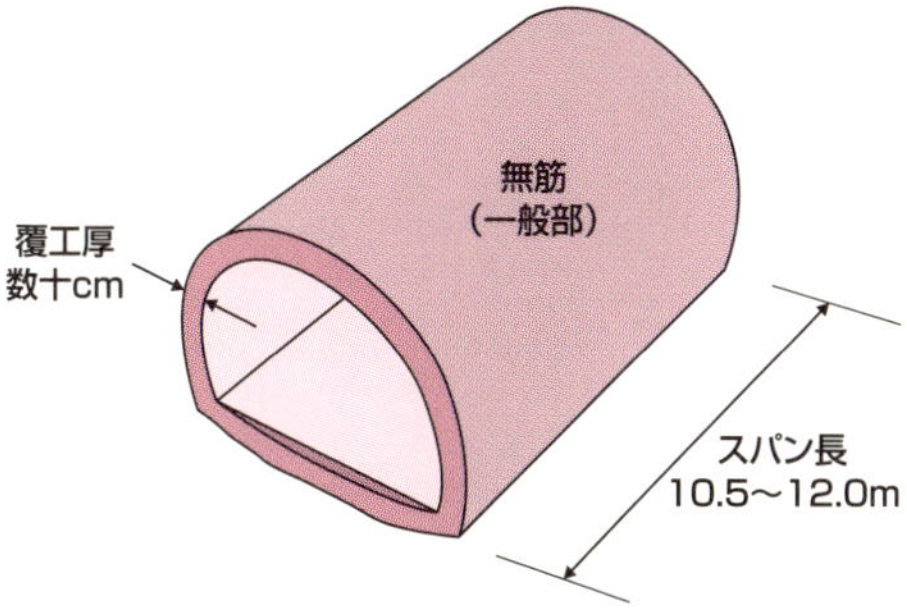

トンネルの覆工コンクリートは特殊

- 養成時間が短い(24時間未満も)
- “マス”コンクリート(温度依存性)
- 施工方法による違い⇨同一視?
  ⇨矢板：背面空洞(外力作用)
  ⇨NATM：外力作用なし
- 脚部と天端における骨材分布の違い

57 トンネルの寿命

トンネルも病気や怪我をする

トンネルは貫通した時が人間で言えば誕生の瞬間であり、一定期間利用された後に不要となった時がトンネルの寿命と考えることができます。トンネルの一生の間にはひび割れが生じたり、水漏れが出てきたり、外的な力によって傷付いたりします。言わば人間における病気や怪我をするのです。では、トンネルが寿命を迎えるとはどのような状態になった時を言うのでしょうか。大きく分けて次の2点が挙げられます。

①トンネルを構成する材料（トンネル周りの岩盤、コンクリート、鋼材など）が極度に劣化してトンネルとしての機能を果たせなくなった状態。

②社会的事情あるいは経済的事情から当所の使用目的が変更になり、トンネル自身としては健全ではあるが、やむなく廃止になった状態。

①つまりトンネル材料が劣化して廃止しなければならなくなった例はほとんどありません。補強や補修を重ねながらトンネルとしての機能を長期間維持している例が多くあります。

一方、②については今昔を問わず、社会的・経済的要請から惜しまれながらトンネルを廃止した例もありますが、全く新たな形で再生を図り、現在も利用されているトンネルも数多くあります。

道路・鉄道トンネルでは社会的・経済的要請から廃止になった例が多く、他の目的に再利用されることもなくトンネル入り口をコンクリートや土を盛って封鎖されてしまいます。

寿命に至ったトンネルというのは、トンネルの安定性の面からは健全であるにもかかわらず、社会的および経済的理由でやむなく廃止する事例がほとんどです。トンネル周囲の岩盤は基本的に安定しています。

したがって、長期的な構造物の有効性や性能を評価できるライフサイクルデザインの考え方も導入するなどして、積極的にトンネルの再利用や有効活用していくことを考えた方がより現実的です。

要点BOX

- 不要になった時が寿命?
- 不要になっても多くのトンネルは安定したまま
- 廃止トンネルの再利用を考えよう

トンネルの機能・性能と外部環境との相互関係

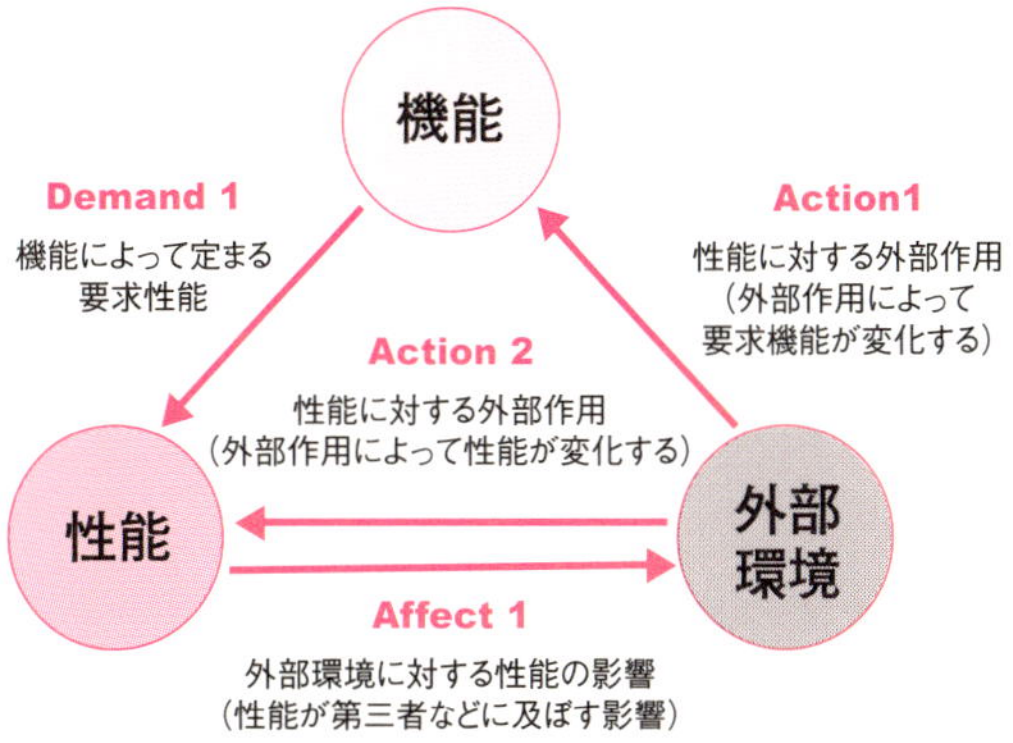

出典：「性能規定に基づくトンネルの設計とマネジメント」トンネル・ライブラリー21号、土木学会

ライフサイクルデザイン（LCD）の経年変化

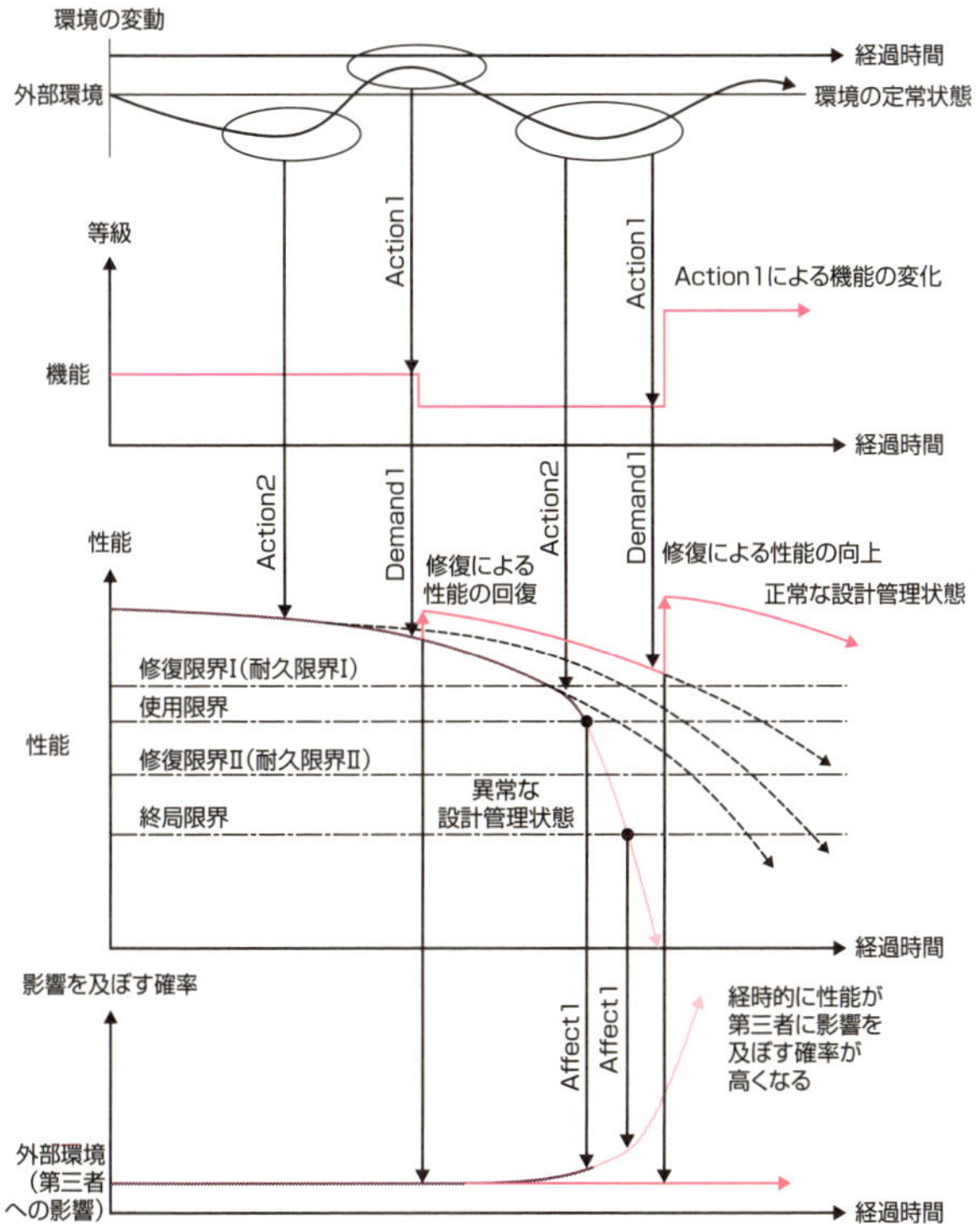

出典：「性能規定に基づくトンネルの設計とマネジメント」トンネル・ライブラリー21号、土木学会

58 高齢化が進む日本のトンネル

道路トンネルの場合

現在、日本全国の道路トンネル数は約1万本です。そのうち、建設後50年以上の道路トンネルは2012年の時点では18％でしたが、2022年には31％、そして2032年には47％と急速に増加します。古いトンネルが多ければ多いほど劣化や不具合も増えます。したがって、今後ますます人間でいうところの健康診断が重要です。健康診断結果の一例として、国交省のWebサイトで公開されている「道路メンテナンス年報」を見てみましょう。

点検結果は、健全であるⅠから緊急措置段階であるⅣの四つの段階に分けられます（**表**）。まだ全てのトンネルを点検したわけではありませんが、平成26年度に実施した点検結果は、国交省、高速道路会社、都道府県そして市区町村それぞれ4つのカテゴリで図のような円グラフでトンネルの健全度が示されています。

驚くことに、健全なトンネルがほとんどありません。管理が行き届いているであろう国交省や高速道路会社管理のトンネルでさえ、健全度ⅡやⅢが大部分を占めます。市区町村管轄のトンネルでは、緊急措置段階（健全度Ⅳ）と判定されたトンネルがあることにも驚かされます。このデータを元に、土木学会はインフラ健康診断道路部門の試行版を公開しました。この診断では、トンネルの評価が「D→」とあり、施設の健康度5段階の下から2番目である「要警戒」（多くの施設で劣化が顕在化し、補修・補強などが必要な状況）で、施設の維持管理体制は、「現状の管理体制が続けば、現状の健康状態が継続すると考えられる状況」と診断されました。いずれにしても看過できる状態にないという結論です。

ただ、一年間に点検できる割合がトンネル全体のせいぜい2割程度であること、また、予算不足・人手不足のため健全度が低くても手の施しようがないことなど、社会問題も相まって診断結果をどう活かすかが見出せない現実もあります。

要点BOX

- 15年後には50歳以上のトンネルが半数
- 健康診断結果はあまりよろしくない
- 予算・人手不足とどう向き合うか

構造物の健全度

区分		状態
Ⅰ	健全	構造物の機能に支障が生じてない状態。
Ⅱ	予防保全段階	構造物の機能に支障が生じていないが、予防保全の観点から措置を講ずることが望ましい状態。
Ⅲ	早期措置段階	構造物の機能に支障が生じる可能性があり、早期に措置を講ずべき状態。
Ⅳ	緊急措置段階	構造物の機能に支障が生じている、又は生じる可能性が著しく高く、緊急に措置を構ずべき状態。

出典：国交省道路局:道路メンテナンス年報（2015.11）

平成26年度道路トンネル点検結果

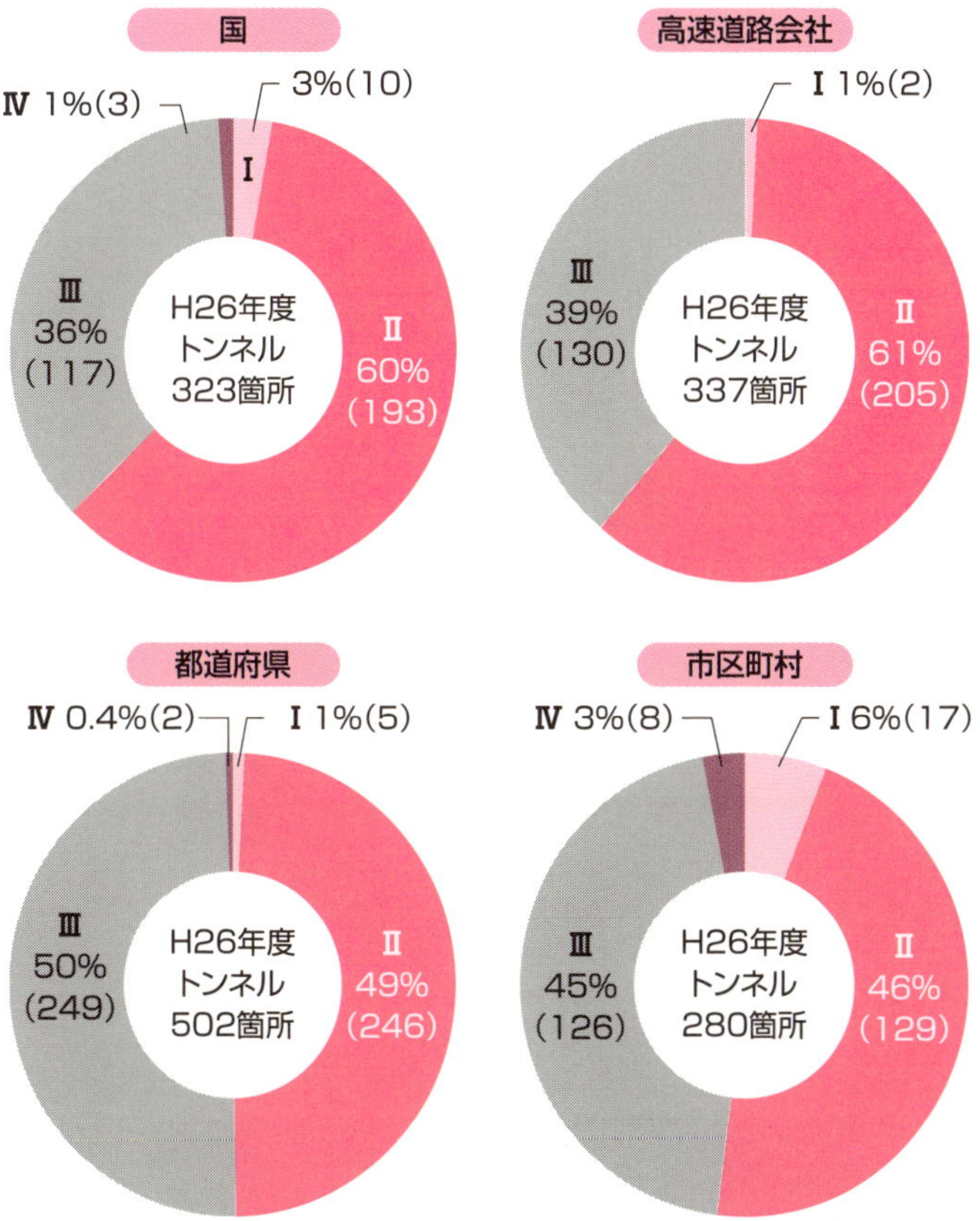

59 トンネルの病気の原因①

山岳トンネルで最も顕著な不具合つまり病気はひび割れです。ひび割れは前述した通り、コンクリートの打ち継ぎ目で多く確認されます。したがって、トンネルの定期点検では打ち継ぎ目を主として、コンクリート構造物の表面を入念にチェックします。ひび割れの原因には、環境作用と外的作用の大きく二つがあります。環境作用は坑内の温度変化が主です。外的作用はトンネルの周りから外的な力を受けて生じるひび割れのことです。とくに外的作用を受けた場合に生じたひび割れは要注意です。

ひび割れの主な原因として偏土圧、膨張性土圧、覆工背面の空洞、漏水または凍害、地すべり、コンクリートの劣化など実に多様です。

偏土圧は斜面などの影響によりトンネルに作用する左右の土圧の大きさが著しく異なること、また、膨張性土圧は建設後何年にもわたって土圧が増加すること、支持力不足は土砂などの上にトンネルを構築した際に上から作用する土圧に地盤の強度が耐えられずに沈下を起こすことです。このような場合にはトンネル覆工に過大な力が作用することがあります。

覆工背面の空洞とは、トンネルの建設時にコンクリートを打ち込む際、トンネル天端付近にコンクリートが十分充填されない部分ができることです。漏水または凍害は、漏水によって車両の通行に影響がある場合やコンクリートの表面が凍結融解を繰り返すことにより強度が低下することです。トンネルが掘削された斜面に地すべりが発生すると、トンネルを輪切りにする力が働いてトンネルを壊してしまいます。他にも様々な要因があります。

このように、供用中の山岳トンネルでは、地山条件や立地条件によって、膨張性土圧の影響で継続的に荷重を受ける場合、地すべりや地震などで後天的に荷重を受ける場合および施工（打継目など）の影響が顕在化する場合に主なトンネルの病気が生じます。

要点BOX
- ●打ち継ぎ目のひび割れが主
- ●環境作用と外的作用
- ●山や周りの環境も大きく影響

道路トンネルの変状事例

覆工のひび割れ

坑門のひび割れ

路盤の隆起

側溝の変形

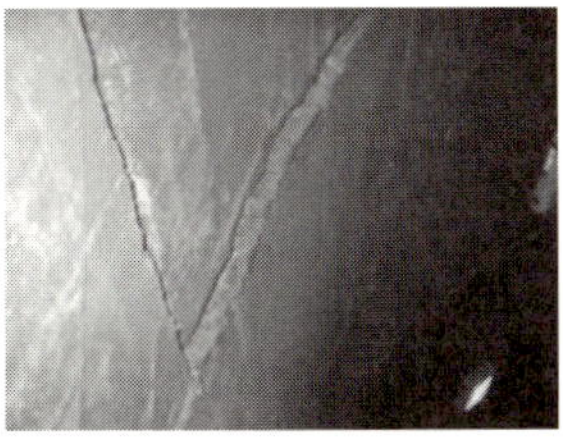
横断目地の段差

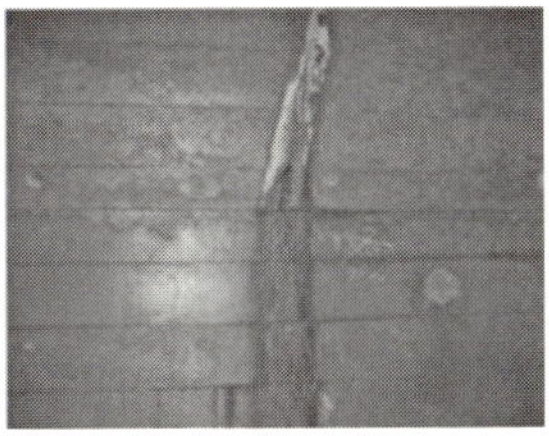
漏水

外力による変状事例

膨張性土圧

偏土圧

地すべり

地震

その他、材質劣化および施工不良による変状事例として、温度応力・乾燥収縮、コールドジョイント、ジャンカ（豆板）、型枠の据え付け不良、打ち込み不足、アルカリ骨材反応などが挙げられる。

60 トンネルの病気の原因②

シールドトンネルの病気

シールドトンネルは都市部かつ地下水面下に建設されることがよくあります。また、建設されるトンネルの用途は、鉄道や道路だけでなく、下水道も多いです。シールドトンネルは、セグメントと呼ばれるコンクリートや鋼製のブロックで構成されていること、また、地下水下にあることなど山岳トンネルとは異なる条件もあります。まずは、地下水がシールドトンネルにどのような病気をもたらすかについて触れます。

首都圏では、地下水位低下による広域的な地盤沈下を抑制するため、昭和46年の地下水汲み上げ規制が施行されました。その効果もあって、首都圏の地下水位はかなり回復しています。このため、予想外に回復した地下水が当初の設計時に想定した地下水圧を超え、トンネル内への漏水とそれに伴う構造物の劣化を生じさせています。ＪＲ総武・横須賀線トンネルでは、地下水位の上昇により構造物の変状をきたし、覆工の増設を実施し、帝都高速度交通営団（現東京メトロ）では地下水圧の上昇によりトンネル内への漏水が増大しました。それらを排水して下水道に流すため下水道使用料が年間10億円に達する他、レールの電食、道床破壊、電気設備の腐食劣化により保守費が増大していると報告されています。この例にとどまらず、シールドトンネルの維持管理における問題が深刻化しています。

下水道として使用されるシールドトンネルでは特有な病気があります。下水道をシールドトンネルで建設する場合、従来、セグメントによって組み立てられた構造（1次覆工）では内面が平滑でないことから、その後にコンクリートを打設して2次覆工を造っていました。しかし、下水道では強酸性の生活排水も流入しますので、硫化水素が発生し2次覆工を劣化させてしまいます。このような下水道シールドトンネル特有の病気を防ぐため、最近では耐久性や耐食性に優れた材料を用いたりしています。

要点BOX

●山岳トンネルとは異なる病気の要因
●地下水位回復が悪影響?
●漏水や酸による劣化

トンネルの様々な不具合事例

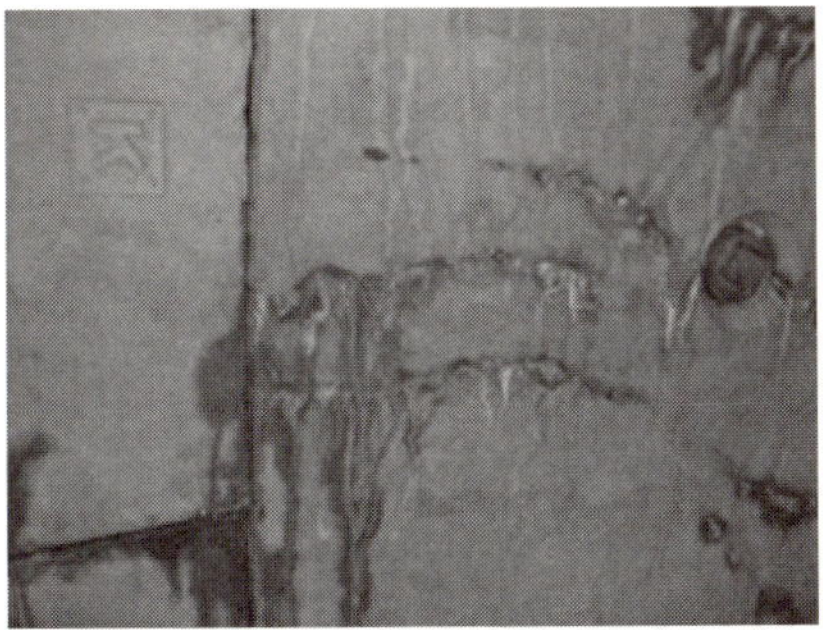

本体ひび割れ、漏水

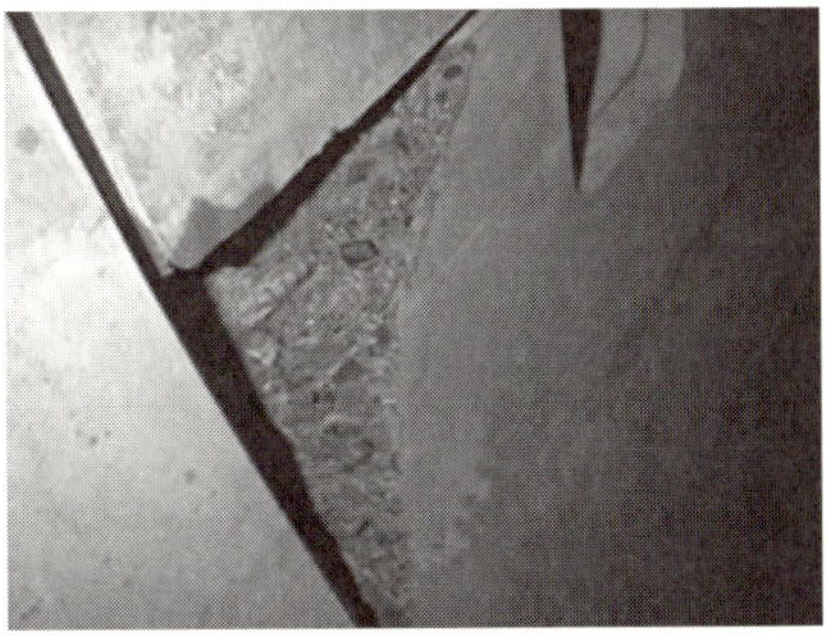

隅角部の欠け

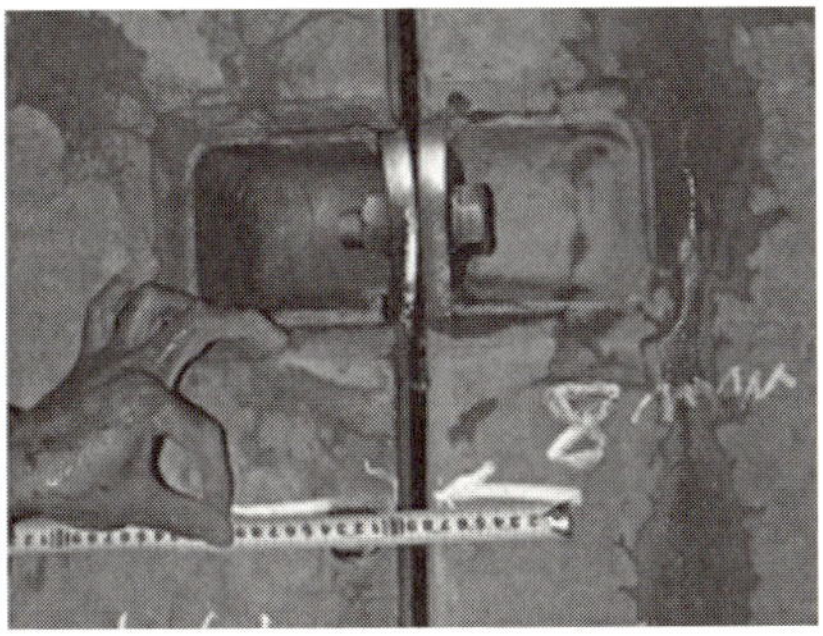

継手板変形、目開き

鋼製セグメント座屈

セグメントは施工時（組立時）から不具合が発生することが多い。とくに、急曲線、大口径、地下水位が高いなどの条件が厳しい場合には、セグメントが負担する荷重が大きくなる。そのような施工時の影響が懸念される場合には、できあがった後のセグメント自体の不具合およびセグメント間からの漏水に留意しなければならない。

シールド掘進時には
鋼材が変形してしまうほどの
ものすごい力が作用
することもあるんじゃ

出典：「シールドトンネルの施工時荷重」トンネル・ライブラリー17号、土木学会

61 トンネルの健康診断

トンネル内の点検と診断方法

道路や鉄道トンネルでは、老朽化などにより変状や不具合が生じる可能性があるため、日頃の調査から異常を発見した際の詳細調査に至るまで様々な点検を実施します。点検結果に応じて健全度を判定し適切な対策がとられます。

点検では、覆工コンクリートの剥離やひび割れの発生の有無、湧水、路面の異常などを目視により確認します。異常を発見した場合には、地盤の強度や覆工の状態を調べるなどの詳細な調査に移行します。なお、2012年に発生した笹子トンネルの事故を教訓に2014年には国土交通省により『道路トンネル定期点検要領』がまとめられ、5年に1回の頻度で近接目視による点検が義務付けられています。

通常トンネルのコンクリート覆工の異常を確かめるためには、ボーリングなどにより覆工に孔を空けて確認する方法がとられますが、電磁波や熱赤外線を使用してコンクリートを壊さずに検査する手法もあります。電磁波を使用したトンネルの空洞探査および覆工の厚さの測定は、点検で異常が発見されたトンネルでは一般的に適用される技術です。

トンネルの健全度評価をするためのハイテク技術もすでに適用されています。赤外線を用いるトンネル検査は、覆工表面のコンクリートの剥離片が熱しやすい原理を利用して、トンネルの表面をヒーターで加熱し赤外線カメラで画像を捉え、周りのコンクリートより温度の高い部分を抽出する方法です。

近年、道路トンネルの点検手法として、走行型レーザー計測技術も適用されるようになっています。この技術は、3Dスキャナー、全球測位衛星システム、全方向カメラなどを備えた3D測量機器で、その機器を自動車に搭載し計測します。高速走行してもトンネル覆工表面の座標を点群データとして捉えることができます。この点群データを解析することでひび割れや覆工の変形状態を可視化できるようになっています。

要点BOX

- 5年に1度の近接目視点検
- 非破壊検査で不具合発見
- 高速走行でも正確にトンネルの状態を可視化

高所作業車を利用した近接目視

概略調査の一つ。高所での作業となること、また、車線規制をともなうことなどから危険も伴う。

ハンマーによる打音検査

こちらも概略調査の一つ。点検者によって点検結果に差が生じることもある。誰がやっても同じ結果となるような手法を開発することが課題。

62 トンネルを治療する

トンネルの補修や補強工事

　トンネルは、長い時間の経過とともに思わぬ変状や不具合が生じることがあります。ただし、これらの変状や不具合を早期に発見し、補修・補強などの対処を行うことで、トンネルの寿命を延ばすことができます。ここでは、コンクリートの打ち継ぎ目からの漏水を防止する工事、ひび割れを補修する工事、トンネル覆工背面空洞補強工事を紹介しましょう。

　覆工コンクリート打ち継ぎ目やひび割れからの漏水は、路面凍結や非常電話扉開閉の妨げになったり、照明施設、内装板などの施設を腐食させたり汚損させたりします。また、冬季には氷結し、氷柱となって不意に落下して危険です。そのため、覆工表面に漏水を誘導する処理（導水処理）がなされます。また、漏水防止板や樋、カッターによって導水工を設ける場合もあります。

　コンクリート材料は、長い時間経過すると、少しずつ劣化して、コンクリート表面から内部にひび割れが進行していきます。トンネルを長く持たせるためには、発生したひび割れを早期に発見し進行を防ぐ対策を講じなければなりません。

　発生したひび割れの進行を防ぐ方法には大きく分けて二つあります。一つはコンクリート表面の劣化した部分をたたき落して、内部の微少ひび割れに固結剤を注入して間詰めする方法です。もう一つは、劣化コンクリートを除去し、覆工コンクリートの表面を鋼繊維が混入した補強コンクリートによりトンネル内側に巻くことによって、ひび割れの進行を防ぐ方法です。

　覆工背面に空洞が認められた場合、覆工に作用する力のバランスを失って偏圧が作用することがあります。偏圧は覆工にとって構造的な耐力を失う、あるいはトンネルの損傷をきたしやすい大きな原因となるため速やかに空洞処理が行われます。空洞箇所に覆工表面から削孔し、その孔から充填剤を注入（裏込め注入）することによって空洞を埋めます。

要点BOX

- ●漏水対策
- ●ひび割れ対策
- ●覆工背面空洞対策

漏水防止工事施工状況

漏水処理の例としては、漏水防止板、樋、カッター等による導水工がある。写真は、その一例である。

出典：「高速道路のトンネル技術史ートンネルの建設と管理ー」高速道路調査会

覆工背面空洞補強工事

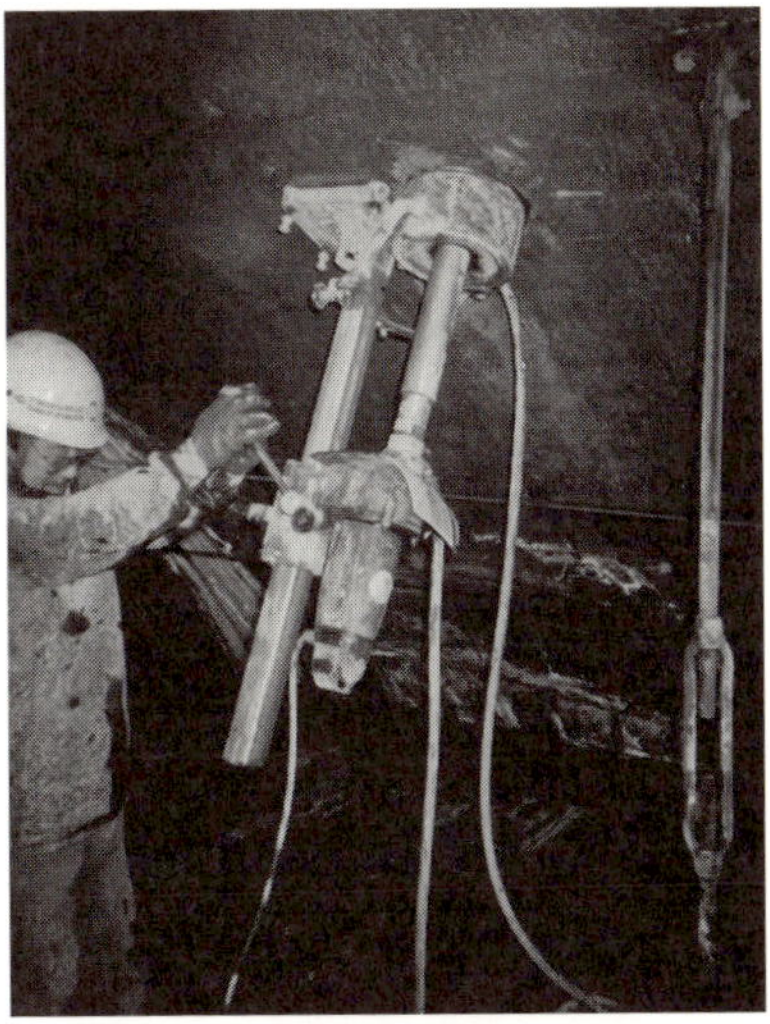

覆工に作用している応力は、覆工背面の空洞によりバランスを失い偏圧が生じる。この偏圧は、トンネル損傷の最も大きな原因であるため速やかに空洞処理が行われる。
（左：削孔状況、右：裏込め注入状況）

出典：「高速道路のトンネル技術史ートンネルの建設と管理ー」高速道路調査会

文学とトンネル

トンネルを舞台にした文学作品は少なくありません。短編と長編を紹介します。一つは、1919（大正8）年1月に発表された菊池寛の短編小説『恩讐の彼方に』です。

豊前国（大分県）の山国川沿いの耶馬渓にあった交通の難所に、高さ6m、幅9m、長さ182mの青の洞門があります。江戸時代後期に、この洞門を開削したのは実在の曹洞宗の僧である禅海（1691-1774）です。江戸の浅草の住人でしたが諸国を巡り、この難所の人馬の覆没《ふくぼつ》を耳にし、これを哀れみ、1720（享保5）年から30年かけて、通路のために掘ったトンネルです。当時、用いた道具は鑿《のみ》です。托鉢勧進《たくはつかんじん》によって掘削の資金を集め、石工たちを雇って掘りました。

小説では主人公の了海（市九郎）は主君殺しの罪滅ぼしに、鑿一つで、独力でこの洞門を掘り続けたことになっています。また敵討ちの話も菊池による創作です。掘ったトンネルは青の洞門で名ではなく「樋田《ひだ》の刳貫《くりぬき》」になっています。

もう一つは吉村昭の長編小説『高熱隧道』です。1967（昭和42）年6月に刊行されました。トンネル工事に携わる技術者に読み継がれている名著です。日本電力黒部川第三発電所（現関西電力に移管）水路トンネル、欅平駅〜軌道トンネル（現関西電力黒部専用鉄道）の工事現場や人間関係について、建設会社の現場土木技師の目を通じて描いた作品。同発電所は1936年着工、1940年工事完了。時は国家総動員法が発令され、戦争へと邁進。「日本電力」は実在の会社ですが、登場人物は架空の人物。欅平から上流は、黒部峡谷の核心部で高低差が大きく、明治時代から電力開発の好適地と思われていたようです。

温泉地帯を掘り進むため、岩盤温度が最高165度。とても人間が作業できる環境ではありません。そして冬の雪崩による作業場の崩壊！　それでも、工事は中止となりません。国家の威信をかけた電力開発だからです。前人未踏の自然の要塞にトンネルを掘り、ダムを造るという、難工事でありました。大自然の恐ろしさと人が挑戦することの意味、極限状態での人の生きざま、とても深く考えさせられる小説です。

第6章

これからのトンネルと社会を考えよう

63 山岳トンネルの新技術

山岳工法の最先端技術

ここでは、山岳トンネルの新技術を二例紹介しましょう。

近年、シールドマシンを用いて掘削しながら、後方ではセグメントを用いずに場所打ちのコンクリートを打設して圧力を保持しながら地山を支保する「場所打ち支保システム（略称SENS）」が採用されています。一昔前にECL工法と呼ばれるトンネル工法がありましたが、SENS工法はこの発展系です。ECL工法では、シールドマシンで掘進し、マシン後方で内型枠を組み立て場所打ちコンクリートを地山と内型枠の間に圧力を加えて打設します。そうすることにより、シールド工法のようにセグメント搬入や組み立ての時間を要せず、かつ地山の変形を抑えながら掘ることができます。SENS工法も類似のメカニズムによってトンネルを掘進し地山を保持しますが、適用土質がより広い範囲となりました。東北新幹線や北海道新幹線などの鉄道トンネルで実績を上げています。いずれ、大深度地下建設に広く使われるようになることも期待されています。

もう一つの新技術にドーナツ型TBMという山岳トンネルの掘削機械があります。今までのTBMは、密閉型シールドのように前面が見えないためどのような種類の岩や土が取り込まれているかはなかなか把握できません。また、密閉型で前面を覆ってしまうとその分が抵抗力となって掘進速度に影響を与えるなど掘進効率の低下をきたします。そのような課題を克服する画期的な工法として考案されたのがドーナツ型TBMです。

日本の地質は変化が複雑であるため、大口径の全断面型TBMではたびたび掘進がストップしていました。その点、ドーナツ型TBMは、中央開口部が大きいため切羽の状況を目視で確認できます。したがって、複雑な地質変化に対応しやすく、掘削スピードを大幅に高められます。

要点BOX

- ●場所打ち支保システム
- ●ドーナツ型TBM
- ●掘進速度がカギ

北海道新幹線・津軽蓬田トンネルで用いられたマシン

一次覆工コンクリート打込みのメカニズム

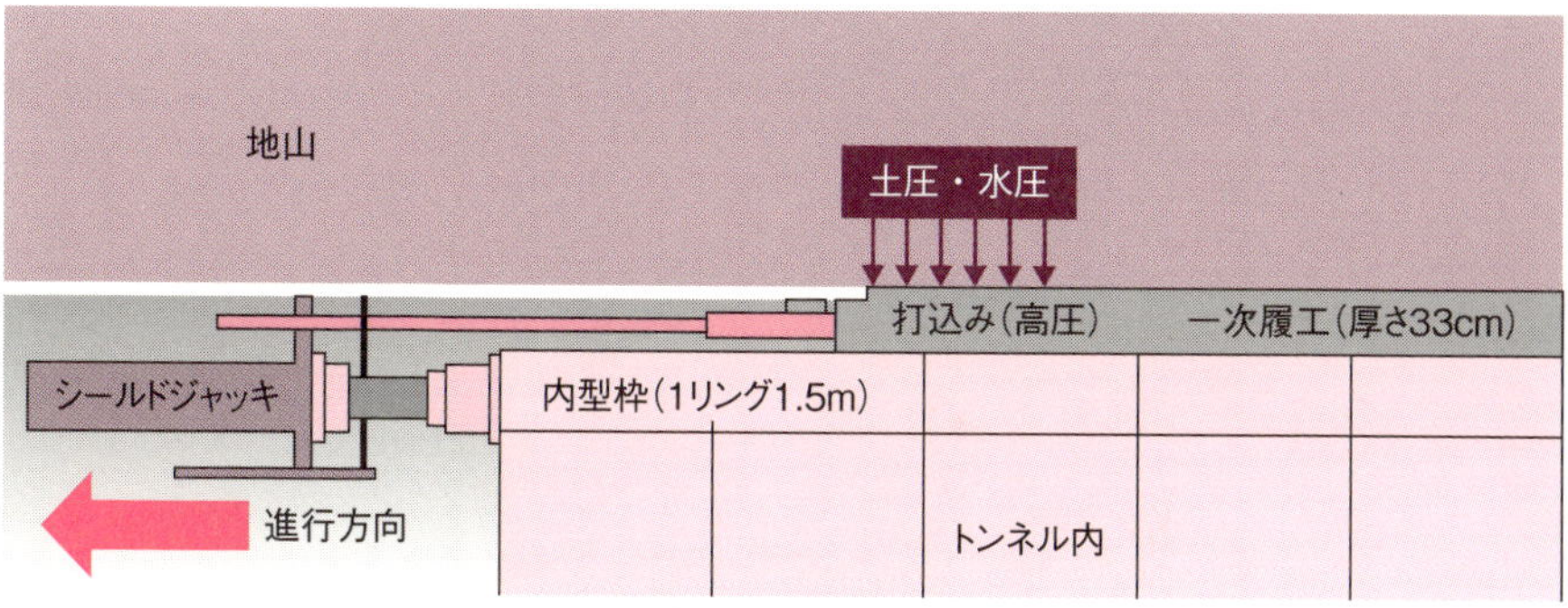

ドーナツ型TBMの主要構成

出典：ドーナツTBM株式会社Webサイトより

64 都市トンネルの新技術

シールド工法の最先端技術

シールドトンネルは、機械の制約や力学的観点から、円形で掘られることがほとんどです。しかし、地下鉄や道路などのように上り線と下り線があり、それが並んで通行するような場合には二本あるいは三本一緒に掘ってしまった方が効率的です。そこで開発されたのが複円形シールドで、丸いトンネルを二つあるいは三つドッキングさせて造ろうというものです。三連シールドの例は地下鉄で、両脇のトンネルが上下線、真ん中のトンネルが駅部(島式)です。

トンネル全線のうち断面が異なる区間がある場合があります。断面の大きさが違う部分を別々に掘るにはマシンが複数必要になるなど建設費や制約条件が増します。この回避策として、断面変化シールドも開発されています。

道路のランプ部や鉄道の駅部への取り付けなどの分流や合流、共同溝などの分岐・接合をシールドのみで行う技術も増してきました。分岐シールドには、施工中のシールドトンネル内から分岐シールドを発進する工法(分岐シールド工法)があります。また、二機のシールド同士がお互い別々に掘り進んできて、ある地点で正面からドッキングするという技術があります。この技術は、東京湾アクアラインの海底部の接合にも用いられました。こういった接合技術にはお互いの位置をピッタリと合わせる測量技術も必要です。

外殻先行大断面シールド工法は、外殻を形成する単体シールドを先行して掘削し、次にそれぞれのシールドを接続して外殻部の構造物を造ります。その後、構造物内部の土を掘り出して、その中を道路などとして利用するというもので、道路の線形や近隣の構造物の関係から、開削工法やシールド工法の適用が難しい場合に適用される工法です。

シールド技術は日進月歩、多種多様です。立坑からの発進を必要としない技術も出てきました。全区間連続施工が可能となるため工期を短縮できます。

要点BOX
- 円形断面を組み合わせる
- 断面を変化させる
- 小さい断面で外郭部を造る

複円形シールド

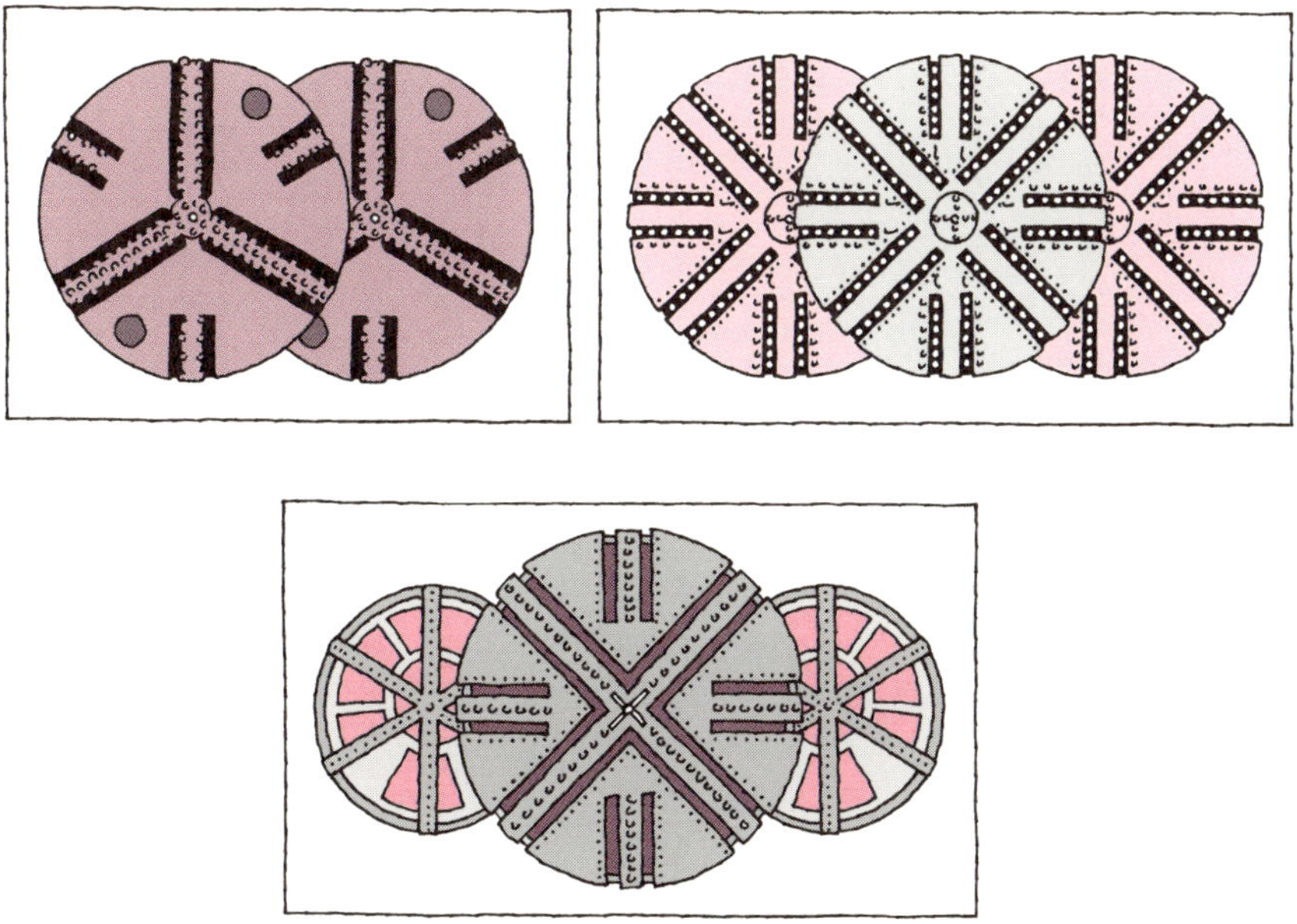

外殻先行大断面シールド

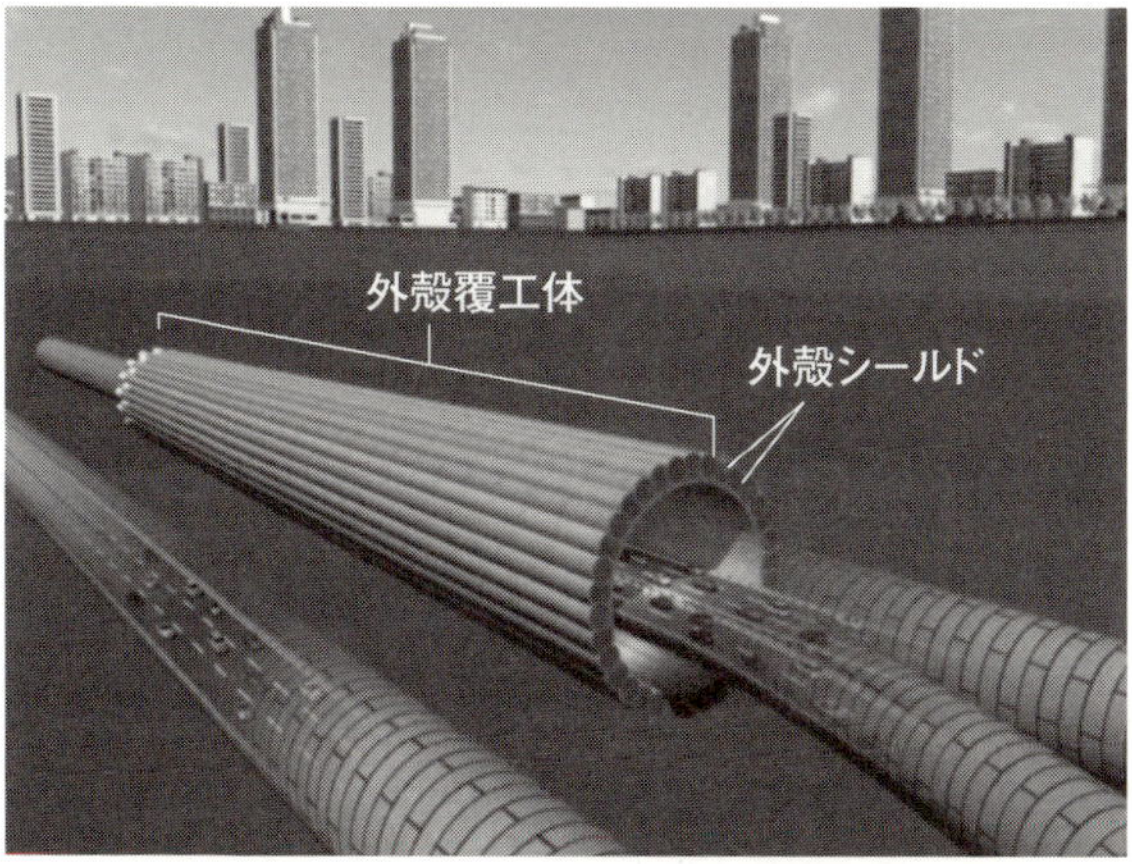

出典：大成建設株式会社Webサイトより

65 開かずの踏切解消のカギはトンネル？

東京の私鉄に見る地下化

開かずの踏切。鉄道と道路が交差しているところで、遮断機が降りた状態が長時間続き通行が困難な踏切のことです。国土交通省では、「ピーク時の遮断時間が1時間あたり40分以上となる踏切」と定義されています。

海外と比較しても日本、とくに東京の踏切の数はかなり多いです。23区と同じくらいの面積であるフランスのパリ市と比較すると、踏切数はなんとパリの40倍です。他の主要都市と比べても多いことが分かります（表）。

開かずの踏切対策は、線路や道路の立体交差化です。実際には鉄道や橋などを高架にする（高架化）事例や地下に潜らせる（地下化）事例があります。これらの立体交差化の目的は、基本的には踏切の除去です。また、線路の連続立体交差化事業は国からの補助のもと、自治体の負担によって行われます。近年では開かずの踏切の解消が積極的に進められていますが、立ち退き、工事騒音・振動、日照権問題、財政状況の悪化、諸費用の増大など、コストや時間がかかる実態はあまり解消されていません。

このような立体交差化の手段として地下化、つまりトンネルが利用された事例を紹介しましょう。東京都を走る京王線の調布付近です。ここでは、シールド工法が用いられています。写真のように調布駅西側の立坑には四つのトンネル断面が設けられています。シールドマシンは、直径約7m、総重量約３５０ｔです。調布駅西側では、まず西調布側に立坑を設けてシールドマシンを発進させ、調布駅西側に到達すると反転させて京王多摩川に向かって掘進します。京王多摩川駅手前に達するとさらに反転して調布駅西側に戻り、またマシンを反転させて西調布の立坑へと戻っていきます。つまり、一台のシールドで調布駅西側のトンネルを全て掘り上げているのです。２０１２年に地下化され運用されています。

要点BOX

- 東京23区の踏切数はパリの40倍
- 立体交差化事業
- 京王線調布駅周辺の地下化

日本と海外主要都市の踏切の数

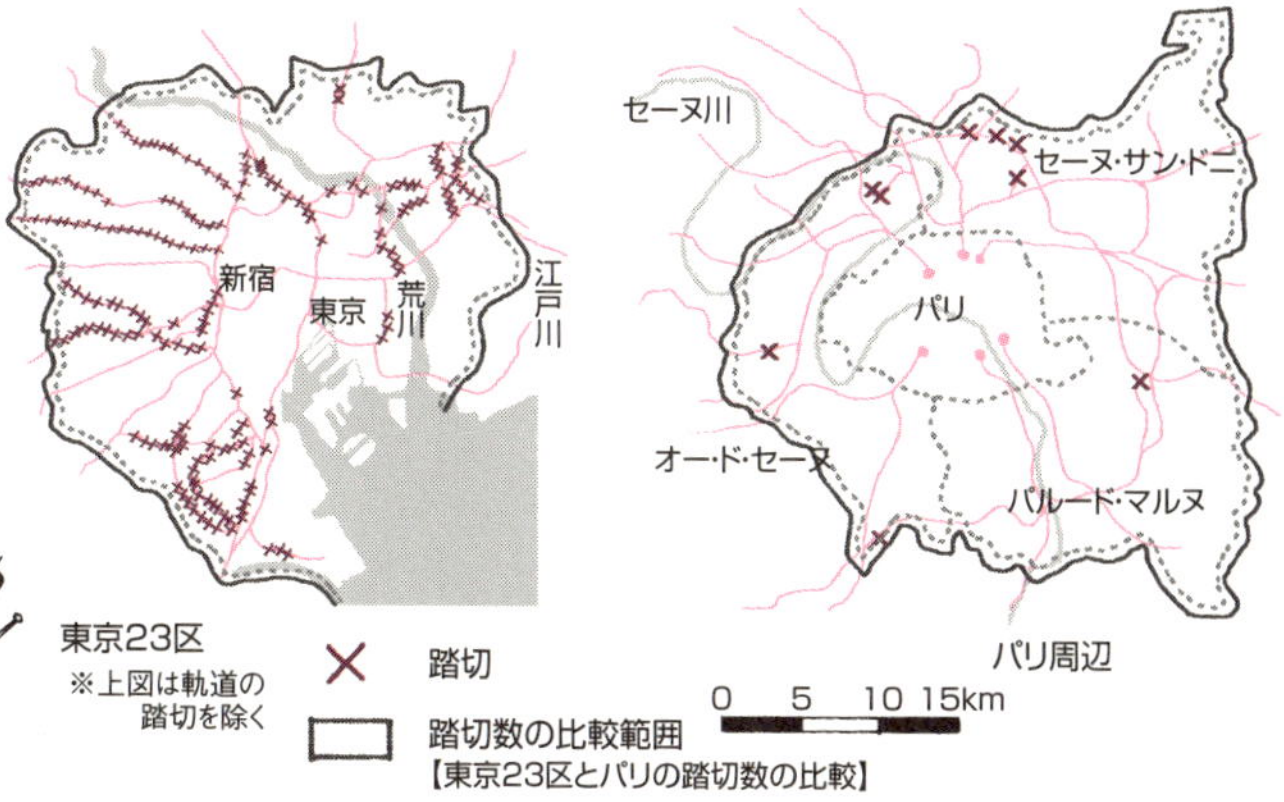

東京23区	ニューヨーク	ロンドン	ベルリン	パリ	ソウル
629	47	13	46	15	16

出典：「踏切対策の推進について」国土交通省

地下化の工事例

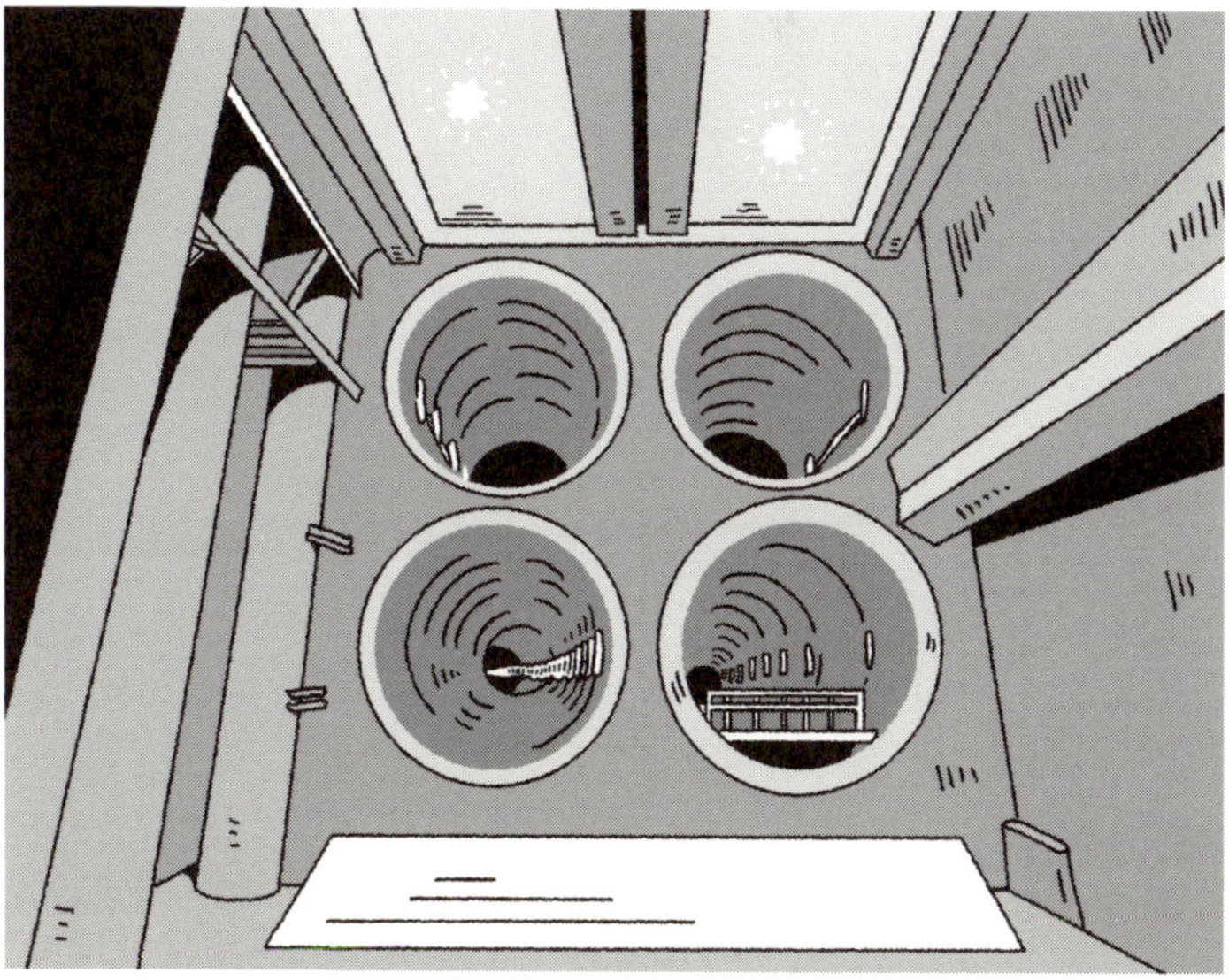

調布駅西側駅部鉄道出入り口完成（上：下り線、下：上り線）

66 これからのトンネルを考えよう

トンネルの利用と維持管理の将来像

これからのトンネルを考えるにあたり、現在の社会問題と切り離して考えることはできません。大きな問題として、少子高齢化と人口減少があります。少子高齢化と人口減少は、すなわち生産年齢（15〜64歳）人口の減少を意味します。このことがトンネルの利用方法と維持管理にどのように影響を及ぼすかを考えてみましょう。

内閣府の統計資料によれば、日本の生産年齢人口の減少率が他国と比べて顕著なことがわかります（上の図）。当然、トンネルに携わる就業者の減少にもつながります。すでに造られたトンネルに対して「点検する人がいないから放っておこう」という訳にはいきません。2030年までに建設後50年経過するトンネルが約半数を占めます。点検する業者が少なくなるのに、点検しなければならないトンネルはますます増える…。そのため、ロボットやIT、AIを取り入れた維持管理技術の開発も進むことでしょう。人間の手に頼らない手段を真剣に考える時が来ています。

生産年齢人口の減少がトンネルに及ぼす影響は、点検などの維持管理業務だけにとどまりません。計画から設計、施工に至るまでの言わば〝つくる〟技術も継承できなくなります。維持管理は〝つかう〟技術ですので、〝つくって、つかう〟トータルの技術が継承できなくなるのです。日本のトンネル技術は世界でも屈指です。その技術が廃れないようにするのも私たちの責任ではないでしょうか？　どのようにトンネルを造り、利用し維持管理していくか…単に最新技術を駆使するという発想だけにとどまらず、顔を付き合わせて知恵を出し合いながら課題に取り組んでいきたいですね。トンネルに興味関心を抱いて、「よし、私がやってやる!」と手を上げるような方が増えていくことを望んでいます。

要点BOX

- ●生産年齢人口の減少する時代
- ●維持管理に大打撃
- ●“つくる”技術の継承も危うい

15〜64歳人口の変化率

(2015〜2030年)

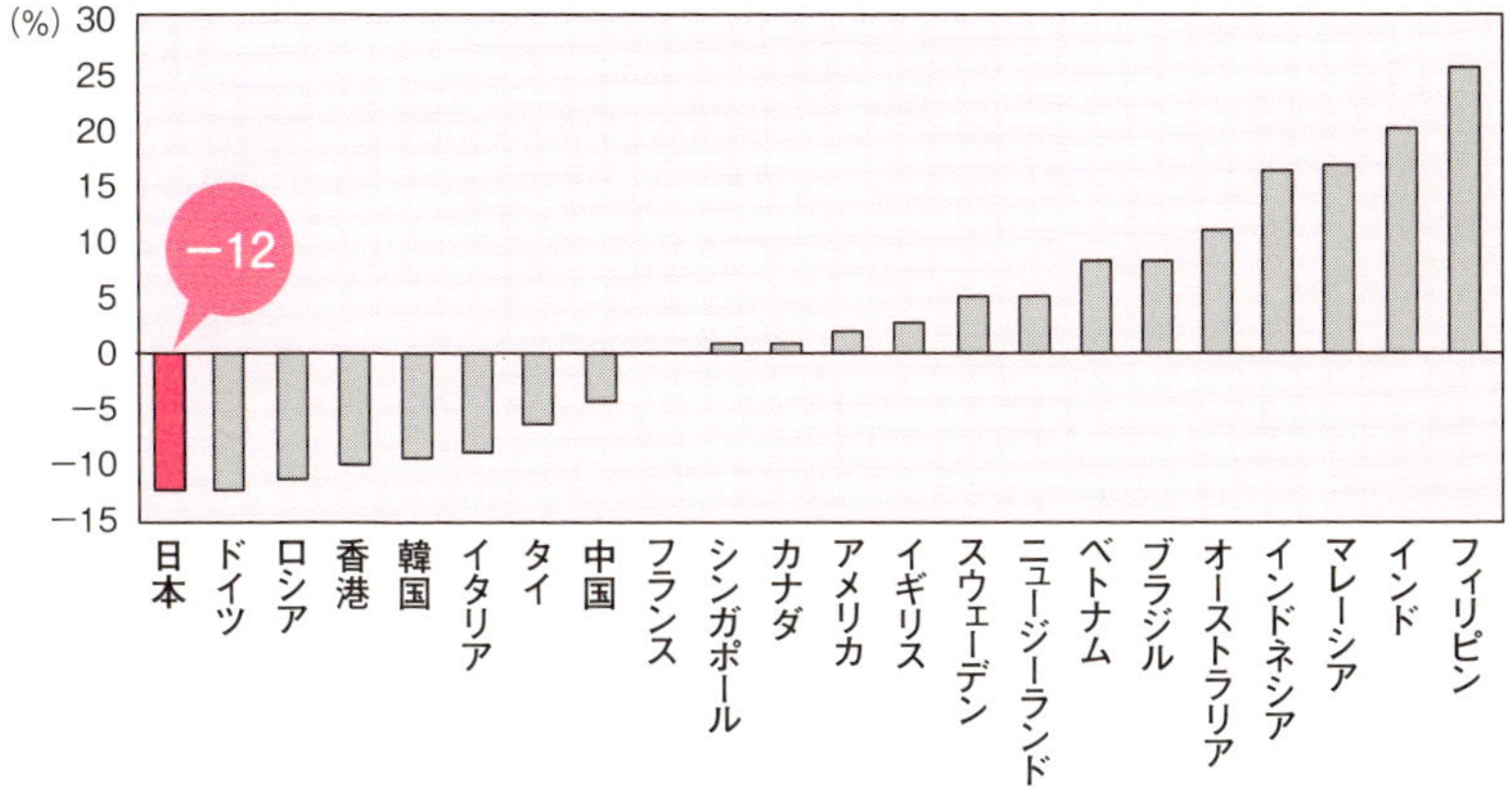

出典：「国勢調査」総務省、「データブック国際労働比較2016」JILなどをもとに作成

MMS計測イメージ

- 車で走りながら3D測量!
- 測量時間を大幅削減!
- 着脱可能だから、
  あらゆる現場に対応!

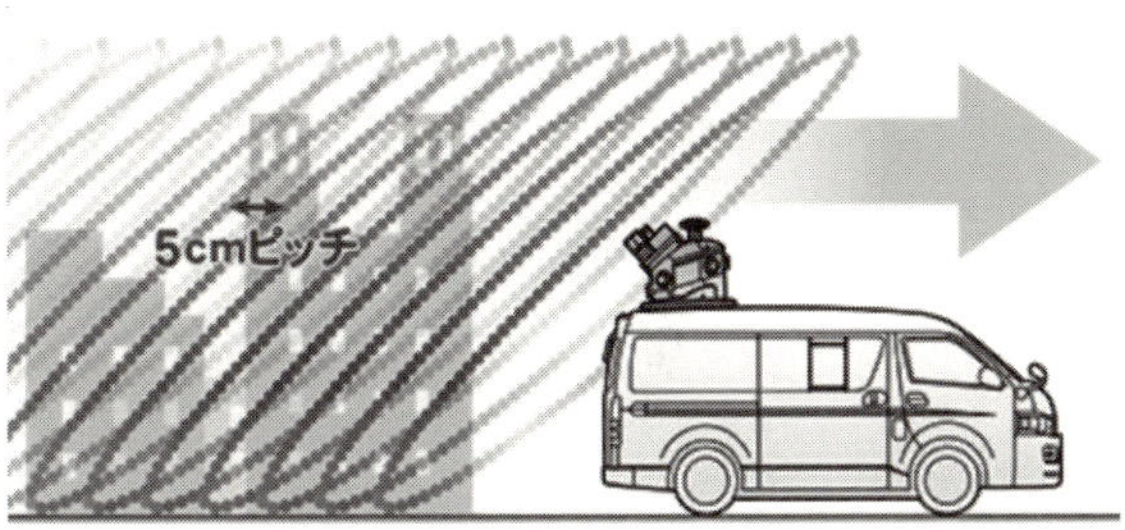

軽ワゴン後方に積んだ3Dスキャナにより、トンネル内面（コンクリート覆工表面）の点群が座標とともに得られる。時速80km/hでも十分な点群数が得られる。
この座標を処理することにより、「点群状況」のような画像が得られる。この画像を処理するなどして、ひび割れや変状箇所などを自動検知し、点検および維持管理の省力化を図る。

出典：株式会社CSS技術開発

世界の鉄道トンネルベスト10

2018年2月現在

	トンネル名	長さ(km)	所在国	開通年
1	Gotthard Base	57.09	スイス	2016
2	青函(トンネル)	53.85	日本	1988
3	英仏海峡(トンネル)	50.45	英・仏	1994
4	Yulhyeon	50.37	韓国	2016
5	Songshan Lake	38.81	中国	2016
6	Lötschberg Base	34.57	スイス	2007
7	New Guanjiao	32.65	中国	2014
8	Guadarrama	28.42	スペイン	2007
9	West Qinling	28.24	中国	2016
10	Taihang	27.84	中国	2007

世界の道路トンネルベスト10

2018年2月現在

	トンネル名	長さ(km)	所在国	開通年
1	Laerdal	24.51	ノルウェー	2000
2	山手(トンネル)	18.20	日本	2015
3	Zhongnanshan	18.04	中国	2007
4	Jinpingshan	17.54	中国	2011
5	St.Gotthard	16.92	スイス	1980
6	Arlberg	13.97	オーストリア	1978
7	Xishan	13.65	中国	2012
8	Hongtiguan	13.12	中国	2013
9	Hsuehshan	12.94	台湾	2004
10	Fréjus	12.90	仏・伊	1980

【参考文献】（順不同）

(1) 高速道路のトンネル技術史に関する調査研究委員会「高速道路のトンネル技術史―トンネルの建設と管理―」（高速道路調査会）、2015
(2) 地下空間普及委員会「みんなが知りたい地下の秘密」（サイエンス・アイ新書）（ソフトバンク クリエイティブ）、2010
(3) 土木学会トンネル工学委員会「2016年制定トンネル標準示方書［シールド工法編］・同解説」（土木学会）、2016
(4) 土木学会ウェブサイト
(5) 今田徹「山岳トンネルの設計」（土木工学社）、2010
(6) 三浦基弘監修「びっくり！ 凄い！ 美しい！ 橋とトンネルに秘められた日本のドボク」（じっぴコンパクト新書）、（実業之日本社）、2017
(7) 大成建設「トンネル」研究プロジェクトチーム「最新！ トンネル工法の〝なぜ〟を科学する」（アーク出版）、2014
(8) 土木学会トンネル工学委員会「2016年制定トンネル標準示方書［山岳工法編］・同解説」（土木学会）、2016
(9) 大野春雄監修「トンネルなぜなぜおもしろ読本」（山海堂）、2003
(10) 大野春雄監修「なぜなぜおもしろ読本」（山海堂）、1998
(11) 新技術相互活用分科会トンネルの要求性能WG「写真で見るトンネル標準施工」（ジェオフロンテ研究会）、2010
(12) 土木学会トンネル工学委員会「トンネル・ライブラリー21号 性能規定に基づくトンネルの設計とマネジメント」（土木学会）、2009
(13) 土木学会トンネル工学委員会「トンネル・ライブラリー26号 トンネル用語辞典 2013年版【CD-ROM版】」（土木学会）、2013
(14) 地盤工学会「地盤工学用語辞典」、2006
(15) 土木学会トンネル工学委員会「トンネル・ライブラリー17号 シールドトンネルの施工時荷重」（土木学会）、2006
(16) 森田武士「土木屋さんの仕事　トンネル」（三水社）、1992
(17) 村上良丸「トンネルの歴史」第1巻、第2巻、第3巻、（土木工学社）、1975
(18) 吉村恒監修　横山章・下河内稔・須賀武「トンネルものがたり―技術の歩み―」（山海堂）、2001
(19) 福島啓二「わかりやすいトンネルの力学」（土木工学社）、1994
(20) 内山久雄監修・原貴史「ゼロから学ぶ土木の基本 土木構造物の設計」（オーム社）、2014
(21) 三浦基弘「東京の地下探検旅行」（筑摩書房）、1988
(22) 芦ノ湖の水利権を考える会編「箱根用水ができるまで」（芦ノ湖の水利権を考える会）、1983
(23) 公益財団法人　鉄道技術総合研究所編「鉄道技術用語辞典」（第3版）、2016
(24) THE ILLUSTRATED LONDON NEWS 金井圓編訳「幕末明治 イラストレイテッド・ロンドン・ニュース 日本通信 1853-1902」（TBS ブリタニカ）、1973
(25) 山岳トンネル工法Q&A検討グループ編「山岳トンネル工法Q&A」（電気書院）、2011

ていました。最終的に1986年2月に英仏両国政府によるトンネルプロジェクトの正式調印が行われ、3月にはCTGではなくTMCが選ばれ契約されました。

■ GPS

グローバル・ポジショニング・システム(Global Positioning System　全地球測位システム)。アメリカで開発されたもので人工衛星を利用して、地球上の現在位置を測定するシステムです。トンネル工事でGPS測量することにより、今までの測量より誤差を少なくすることが可能になりました。

■ ずり

トンネル掘削の際に、ほりだされた不要な岩石や土砂です。鉱石や石炭とともに掘り出された石。また選鉱・選炭した後に残る廃石の意味もあります。

■ セグメント　segment

原意は「何かを分割したもののうち、一つの部分」。トンネルでは、円形の外壁となるブロックのことで、トンネルの径の大きさにもよりますが、5から10ピースで、円形を構成します。卓上計算機の数字は、7つのセグメントで、0から9を表現できます。

■ リチャージウェル工法
recharge well construction method

地下水対策工事の工法の一つです。トンネルの建設で排水工法としてウェルポイント工法、ディープウェル工法などが広く採用されています。しかし、揚水によって生じる地下水位の低下に伴う井戸枯れや地盤沈下などの問題が起きます。この対策として復水(リチャージ)するために透水層に還元する工法です。

■ ライフライン

和製英語。エネルギーの確保、水の供給、交通施設など、日常生活に必要なインフラ設備を表わす語。イギリスではCritical National Infrastructure (CNI)、アメリカでは Critical Infrastructure (CI) と言います。英語のlifelineは、「命綱」という意味です。

■ 偏圧　deviated pressure

トンネル工事での偏圧という用語は、文字通り荷重がトンネル断面に対して均一ではなく、偏って圧縮の作用をする状態を言います。特殊な地質条件や地表近くで起きることがあります。

■ コールドジョイント　cold joint

コンクリートはセメント、砂利、砂、水を混ぜてつくります。これを使って構造物をつくる時、コンクリートを打つまたは打設と言います。トンネルなど大きな構造物の場合、一度にできないので、何度か時間をおいてコンクリートを打ち重ねます。適正な時間の間隔を過ぎてコンクリートを打設した場合に、前に打設したコンクリートの上に後から打ち込まれたコンクリートが一体化しない状態になることがあります。このとき、打ち重ねた部分に不連続な面が生じることをコールドジョイントと言います。そうなるとコンクリートの強度が弱くなります。

用語の解説(順不同)

■ せん断力　shearing force

構造物を組み立てている部分材料のことを部材と言います。この部材に大きく分けて三つの力が働きます。それらは圧縮力、引張力、そして、せん断力。普通の日常生活に馴染みのない語がせん断力です。この語は物体をはさみ切る作用を言います。切力と言ってもよいです。せん断力は剪断力と書きます。剪定という語があるように、剪は「切る」という意味です。

■ 応力　stress

力学には大きく分けて動力学(dynamics)と静力学(statics)があります。土木の構造物は、静力学で解きます。静力学は「つりあい」を吟味して考えます。力には外力(internal force)と内力(external force)があり、応力は内力のこと。外力に対して、応じる力のことです。

■ 応力度　stress of intensity

応力の度合いのことです。単位面積あたりの応力のこと。単に応力と同義で使うこともあります。

■ インバート　inverted archの略

トンネルの上部のアーチに対するトンネル底面の逆アーチに仕上げられた覆工部分のことです。

■ 切羽

トンネル掘削の最先端箇所のことです。トンネルの切羽は工事の中で最も多く事故が発生しています。切羽の不安定化に伴う地表面沈下や周辺部の緩みなどが原因となります。

■ 地山

トンネルを造る対象となる山のこと。トンネルを造る対象となる山のこと。気難しい言い方をすると、「不連続面と空隙などを含むトンネル周辺地盤の総称」となります。

■ トータルステーション　total station

現在、多く用いられている測量機器の一つ。ひと昔、距離をはかる巻尺、バーニア(正尺と副尺の組み合わせ)目盛りで角度をはかるトランシットで測量をしていました。つまり、従来は距離と角度を別々に測量。現在では光波ではかる測距儀とマイクロメーターで角度をはかるセオドライトを組み合わせて同時に観測。またマイコン機能と液晶画面を内蔵しており、測量測定結果を自動的に記憶できるので、モバイルパソコンとプロッタなどを組み合わせてシステム化することにより、測量工程を今までより大幅に省力化することが可能になりました。

■ 山はね

岩はねとも言います。トンネルの掘削中、地盤圧の開放でバランスを失い、急激に地層の一部が破壊する現象です。岩壁面などの近くに地盤圧による応力の集中が生じ、壁面の強度以上になったときに破壊が生じます。破砕の土砂は塊状が多く、微細物は少なく、このメカニズムは、まだよくわかっていません。

■ TMC

英仏海峡横断トンネル(ドーバートンネル)の施工者として、CTG(Channel Tunnel Group)社とTMC(Trans Manchu Construction)社が受注を争っ

ハ

排気ガス ― 118
剥離 ― 138
箱根用水 ― 36・44
発破掘削 ― 86
場の応力 ― 58
バビロニア ― 46
半径方向の力 ― 58
半蔵門線 ― 20
火あぶりの法 ― 48
微気圧波対策 ― 18
非常用設備 ― 102
飛騨トンネル ― 17・104
避難方式 ― 104
避難連絡坑 ― 104
ひび割れ ― 134・138・140
兵庫県南部地震 ― 112・122
標準支保パターン ― 80
表面積 ― 62
深良用水 ― 36
吹付けコンクリート ― 85・96
フキノ湖干拓用トンネル ― 46
福沢諭吉 ― 30
腐食 ― 22
覆工 ― 16
覆工コンクリート ― 128
覆工背面空洞 ― 140
覆工板 ― 90
フナクイムシ ― 126
浮力 ― 114
プロビーム照明 ― 125
分岐シールド ― 146
平面線形 ― 18・72
扁額 ― 28
ベンチカット工法 ― 86
防音建屋 ― 98
防水ゲート ― 108
防水扉 ― 108
泡雪崩 ― 50
ボーリング調査 ― 74

マ

曲げモーメント ― 68
三国山脈 ― 52
密閉型シールド ― 88
モグラ ― 100
モルタル ― 64

ヤ

矢板工法 ― 80
薬液注入工法 ― 94
山師 ― 34
山手トンネル ― 104
山はね ― 52
湧水 ― 138
ユウパリヌス ― 46
ユーロトンネル ― 54
吉村昭 ― 142

ラ

ライフサイクルデザイン ― 130
ライフライン ― 122
ラブセビッツ ― 84
リチャージウェル工法 ― 98
立体交差化 ― 148
硫化水素 ― 136
硫化水素ガス ― 22
レーザー光線 ― 76
劣化 ― 130
連続体力学 ― 58
漏水 ― 140
ロックボルト ― 84・85・96

ワ

ワイン貯蔵庫 ― 26

全断面工法　86
走行型レーザー計測技術　138
送風効果　118
測量技術　76
粗骨材　64

タ

耐久性　136
対称照明　125
耐食性　136
耐震性　110
大深度地下　12
大深度法　12
ダイナマイト　48・50
大容量送水管整備事業　12
楕円形シールド　146
辰巳用水　34
立坑　94
多摩川トンネル　92
単位体積重量　66
弾性　58
弾性波探査　74
断熱性　14
断面変化シールド　146
地下化　148
地下水位　94・136
地下鉄　20
地質縦断図　74
治水計画　116
チューブ　38
沈埋函　92
沈埋工法　92
津軽海峡　52
継手　78
土の自重分　66
突っ込み勾配　82
泥水式シールド　116
テームズ川　30
鉄筋　64・68
鉄筋コンクリート　64
点検　132
土合駅　25
土圧　66
土圧式　54
透過率　124
東京メトロ　108
東京湾アクアライン　88・104
峠　32
凍結工法　94
導坑先進工法　86
踏査　74
導水処理　140
導水トンネル　42
東北新幹線　144
道路冠水注意箇所マップ　106
道路線形　72
道路メンテナンス年報　132
トータルステーション　76
ドーナツ型TBM　144
土被り　66
徳川家康　34
都市トンネル　88
土留め　90
トンネル効果　38
トンネル等級　102
トンネルドン　18
トンネルの定義　41
トンネルの分類　41
トンネルボーリングマシン　96
トンネルワークステーション　96

ナ

ナトム　80・84・128
ナトリウムランプ　124
ナポレオン　54
生ハム熟成工場　26
新潟県中越地震　112
日本トンネル技術協会　40
ネアンデルタール人　42
粘着力　60・62
粘土　60・62
ノーベル　48

共同溝 — 122
切通《きりとお》し — 1・32
切羽 — 86
近接目視 — 138
クイックサンド — 114
掘削工法 — 86
掘削方式 — 86
掘進速度 — 144
国境 — 32
グラウンドアーチ — 62
黒部第三発電所 — 50
クロマニヨン人 — 42
下水 — 12
下水道 — 10・22・136
健全度 — 132
建築限界 — 18・70
恒温性 — 14
坑口 — 112
鉱山の坑道 — 26
鋼製支保工 — 96
高熱隧道 — 51・142
勾配 — 82
勾配標 — 82
光波測距儀 — 76
坑夫 — 34
コールドジョイント — 128
古事記 — 32
コンクリート — 64

サ

細骨材 — 64
最適含水比 — 60
山岳工法 — 84
山岳トンネル — 80・84・144
酸性水 — 98
シールド工法 — 20・22・54・88・94・126・148
シールドトンネル — 20・78・136・146
シールドマシン — 78
四角形 — 68・70
軸力 — 68
地震 — 110
止水板 — 108
自然換気 — 120
支保工 — 16
清水トンネル — 25
ジャイロ — 76
ジャッキ推力 — 78
地山《じやま》 — 16
地山等級 — 80
砂利 — 64
重金属 — 98
縦断線形 — 18・72
縦流換気方式 — 120
寿命 — 130
春秋左氏伝 — 30
浚渫船 — 92
少子高齢化 — 150
上水道 — 10
照明 — 124
條約十一國記 — 30
初期応力 — 66
ジェットファン — 118
新幹線 — 18
人口減少 — 150
新清水トンネル — 25
浸水 — 108
振動バイブレータ — 128
水圧 — 66
水害 — 116
水底トンネル — 102
隧道 — 28・30
水平土圧 — 66
水路トンネル — 10・32
スキューバック — 56
砂 — 60
青函トンネル — 52
生産年齢 — 150
セグメント — 78・88
接線方向の力 — 58
セメント — 64
禅海和尚 — 36
せん断変形 — 110

索引

英数

1次覆工 ― 78
2次応力 ― 66
GPS ― 76
I・K・ブルネル ― 126
kicking ― 42
LEDランプ ― 124
M・I・ブルネル ― 20・48・126
NATM ― 80・84・128
OECD ― 40
SENS ― 144
TBM ― 96
TWS ― 96

ア

アーチ ― 68
アーチ作用 ― 62
青の洞門 ― 36・142
浅川地下壕 ― 26
アテネ ― 46
安息角 ― 60
アンダーパス ― 106
維持管理 ― 150
板屋兵四郎 ― 34
イラン高原 ― 42
インバート ― 56
インフラ健康診断 ― 132
打ち継ぎ目 ― 134
宇津ノ谷峠 ― 24
裏込め注入 ― 140
運河用トンネル ― 48
液状化 ― 112・114
円形 ― 68
鉛直土圧 ― 66
横流換気方式 ― 120
応力 ― 58
大江戸線 ― 20
大酒樽 ― 38
大清水トンネル ― 25
大谷石採掘場跡 ― 26
拝み勾配 ― 82
落込勾配 ― 82
恩讐の彼方に ― 142

カ

外殻先行大断面シールド ― 146
開削工法 ― 90
開削トンネル ― 112
外的作用 ― 134
籠 ― 38
火災 ― 102
加背割 ― 86
片勾配 ― 82
可撓性セグメント ― 112
カナート ― 42
ガナート ― 42
火薬 ― 48
関越トンネル ― 52
灌漑用水 ― 42
換気方式 ― 120
環境作用 ― 134
緩衝工 ― 18
冠水 ― 106
岩石 ― 60
神田川・環状七号線地下調節池 ― 116
カント ― 18
岩盤温度 ― 50
機械換気 ― 120
機械掘削 ― 86
菊池寛 ― 36・142
危険物車両 ― 102
キッキング法 ― 42
急曲線 ― 22
共振現象 ― 110

今日からモノ知りシリーズ
トコトンやさしい
トンネルの本

NDC 514.9

2018年2月28日　初版1刷発行

©著者　土門　剛
　　　　三浦基弘
発行者　井水 治博
発行所　日刊工業新聞社
　　　　東京都中央区日本橋小網町14-1
　　　　(郵便番号103-8548)
　　　　電話　書籍編集部　03(5644)7490
　　　　　　　販売・管理部　03(5644)7410
　　　　FAX　　　　　　03(5644)7400
　　　　振替口座　00190-2-186076
　　　　URL　http://pub.nikkan.co.jp/
　　　　e-mail　info@media.nikkan.co.jp
印刷・製本　新日本印刷

●DESIGN STAFF
AD――――――――志岐滋行
表紙イラスト――――黒崎　玄
本文イラスト――――榊原唯幸
ブック・デザイン――奥田陽子
　　　　　　　　（志岐デザイン事務所）

●
落丁・乱丁本はお取り替えいたします。
2018 Printed in Japan
ISBN 978-4-526-07811-8 C3034

●定価はカバーに表示してあります。

●著者略歴
土門　剛（どもん・つよし）

1967年、東京都生まれ。91年、東京都立大学工学部土木工学科卒業。博士（工学）。同年東京都立大学工学部土木工学科助手。その後、大学名変更や組織改編などを経て、現在、首都大学東京大学院都市環境科学研究科助教。専門はトンネル工学、地下空間利用。
土木学会、地盤工学会、日本トンネル技術協会、高速道路調査会、日中トンネル安全リスク会議、日中シールド技術交流会などに所属。
主な著書は、『2016年制定 トンネル標準示方書 共通編／山岳工法編／シールド工法編・同解説』（土木学会）、『高速道路のトンネル技術史ートンネルの建設と管理ー』（高速道路調査会）、『トンネル用語辞典【CD-ROM版】』（土木学会トンネルライブラリー26号）など。

三浦基弘（みうら・もとひろ）

1943年、北海道旭川市生まれ。東北大学、東京都立大学で土木工学を学ぶ。専門は構造力学。東京都立小石川工業高校、東京都立田無工業高校、東京学芸大学、大東文化大学などで教鞭をとる。その傍ら、NHK教育テレビ「高校の科学　物理」「エネルギーの科学」の講師、月刊雑誌「技術教室」（農山漁村文化協会）編集長などを歴任。
主な著書は、『物理の学校』（東京図書）、『科学ズームイン』（民衆社）、『東京の地下探検旅行』（筑摩書房）、『光弾性実験構造解析』（共著、日刊工業新聞社）、『日本土木史総合年表』（共著、東京堂出版）、『世界の橋大研究』（監修、PHP研究所）、『身近なモノ事始め事典』（東京堂出版）、『発明とアイデアの文化誌』（東京堂出版）、『びっくり!すごい!美しい!橋とトンネルに秘められた日本のドボク』（監修、実業之日本社）など。